高等职业教育"十三五"规划教材

工程造价软件应用

主 编 李苗苗 温秀红 张 红

北京理工大学出版社
BEIJING INSTITUTE OF TECHNOLOGY PRESS

内 容 提 要

本书共分为5个项目，项目1为工程造价软件（广联达）初识，介绍工程造价软件操作流程及常用功能；项目2为广联达BIM钢筋算量软件GGJ2013的应用，介绍钢筋算量计算的思路，算量软件的操作流程，框架柱、框架梁、现浇板、板受力筋、板负筋、基础、楼梯等各种构件的定义与绘制方法；项目3为广联达土建算量软件GCL2013的应用，介绍土建算量软件的计算思路、建筑部分套取清单和定额的方法、每个子目的工程量计算、套用定额计算消耗量；项目4为CAD图纸识别，介绍钢筋算量软件导入CAD图的步骤和方法，轴网、柱、梁、板、受力筋、门窗洞等的识别；项目5为广联达计价软件GBQ4.0的应用，介绍工程量清单和招标控制价编制方法。全书以真实项目为例进行讲解，课后练习采用案例进行训练，让学生在"学中练、练中学"，从而提高学生的实际操作能力。

本书可作为高职高专院校工程造价、建设工程管理、建筑工程技术等相关专业的教材，也可供建设工程造价编制与管理人员工作时参考使用。

版权专有　侵权必究

图书在版编目(CIP)数据

工程造价软件应用 / 李苗苗，温秀红，张红主编. —北京：北京理工大学出版社，2019.7（2019.8重印）
　ISBN 978-7-5682-7324-4

Ⅰ.①工…　Ⅱ.①李…　②温…　③张…　Ⅲ.①建筑工程－工程造价－应用软件－高等学校－教材　Ⅳ.①TU723.3-39

中国版本图书馆CIP数据核字（2019）第152750号

出版发行 / 北京理工大学出版社有限责任公司
社　　址 / 北京市海淀区中关村南大街5号
邮　　编 / 100081
电　　话 /（010）68914775（总编室）
　　　　　（010）82562903（教材售后服务热线）
　　　　　（010）68948351（其他图书服务热线）
网　　址 / http://www.bitpress.com.cn
经　　销 / 全国各地新华书店
印　　刷 / 北京紫瑞利印刷有限公司
开　　本 / 787毫米×1092毫米　1/16
印　　张 / 14.5　　　　　　　　　　　　　　　责任编辑 / 钟　博
字　　数 / 330千字　　　　　　　　　　　　　　文案编辑 / 钟　博
版　　次 / 2019年7月第1版　2019年8月第2次印刷　责任校对 / 周瑞红
定　　价 / 39.00元（含配套图纸）　　　　　　　　责任印制 / 边心超

图书出现印装质量问题，请拨打售后服务热线，本社负责调换

前言

随着我国城市化进程的加快及建筑施工技术的飞速发展，建筑单体规模越来越大，施工工期越来越短，工程造价人员的工作任务也越来越繁重，仅靠手工计算已不能满足当前岗位工作的需求，因此，熟练使用工程造价软件已成为工程造价人员必须具备的一项基本能力。

本书的编写主要以具体工程实例计算过程为主线，在过程中加入常用功能的使用方法及常遇到问题的处理方法；为了方便教学，在每个项目前面设置了"内容提要"和"任务描述"，对学生需要了解和掌握的知识要点进行提示，对教学进行引导；在各项目后面设置了"项目小结"和"技能训练"，"项目小结"以学习重点为框架，对各项目的任务作了归纳，"技能训练"以实例的形式，让学生更深层次地思考和训练，从而构建了一个"引导—学习—总结—练习"的教学全过程。

本书的主要编写特色如下：

（1）实战操作性强。以实际工程项目为载体，以学习型工作任务为导向，从钢筋算量、土建算量、CAD导图，再到清单计价，由浅入深，遵循学习规律。

（2）图文并茂。书中对软件的每一步操作都配有操作截图和相应的文字说明。

（3）技巧性强。考虑绘图以及导图的方便，本书先进行钢筋算量相关图纸的绘制和导入，然后借助钢筋算量进行土建算量相关图纸的绘制和导入。

本书由阜新高等专科学校李苗苗、温秀红，抚顺职业技术学院张红担任主编，具体编写分工为：李苗苗编写项目1、项目2和项目4，温秀红编写项目3和项目5，张红编写各章"技能训练"。

本书在编写过程中参考了国内外同类教材和相关资料，在此向原作者表示感谢。

由于编者水平有限，书中难免存在不足之处，恳请广大读者、同行批评指正。

编　者

目 录

项目1 工程造价软件（广联达）初识 ……… 1

 任务1.1 工程造价软件（广联达）简介 …… 1

 任务1.2 工程造价软件（广联达）基本操作流程 ……… 1

  1.2.1 利用工程造价软件计算工程项目造价的整体操作思路 …… 1

  1.2.2 广联达BIM钢筋算量软件GGJ2013的基本操作流程 …… 2

  1.2.3 广联达BIM土建算量软件GCL2013的基本操作流程 …… 2

  1.2.4 广联达计价软件GBQ4.0的基本操作流程 …… 2

  1.2.5 常用构件绘制顺序 …… 3

 任务1.3 软件绘图学习的重点——点、线、面的绘制 …… 3

  1.3.1 构件图元的分类 …… 3

  1.3.2 "点"画法和"直线"画法 …… 3

 任务1.4 常用菜单介绍 …… 5

  1.4.1 广联达算量软件界面介绍 …… 5

  1.4.2 广联达算量软件的常用命令及操作 …… 7

  1.4.3 常用术语介绍 …… 15

 项目小结 …… 18

 技能训练 …… 18

项目2 广联达BIM钢筋算量软件 GGJ2013的应用 …… 19

 任务2.1 工程的建立 …… 19

  2.1.1 启动软件 …… 19

  2.1.2 新建工程 …… 19

 任务2.2 工程设置 …… 23

  2.2.1 工程信息 …… 23

  2.2.2 计算设置 …… 23

  2.2.3 楼层设置 …… 25

 任务2.3 工程保存及备份 …… 28

  2.3.1 工程保存 …… 28

  2.3.2 备份工程 …… 28

 任务2.4 轴网 …… 28

  2.4.1 轴网的定义 …… 28

  2.4.2 轴网的绘制 …… 30

  2.4.3 轴网的修改 …… 30

  2.4.4 辅助轴线 …… 31

 任务2.5 图面控制 …… 32

 任务2.6 柱 …… 33

  2.6.1 框架柱的定义 …… 33

  2.6.2 矩形柱的绘制 …… 35

  2.6.3 偏心柱 …… 35

  2.6.4 小结与延伸 …… 37

任务2.7	梁	40
2.7.1	楼层框架梁的定义	40
2.7.2	屋面框架梁和非框架梁	41
2.7.3	梁的绘制	41
2.7.4	提取梁跨	42
2.7.5	原位标注	42
2.7.6	查看计算结果	45
2.7.7	小结与延伸	46

任务2.8	板	47
2.8.1	现浇板的定义	47
2.8.2	现浇板的绘制	48
2.8.3	板受力筋的定义	49
2.8.4	板受力筋的绘制	50
2.8.5	跨板受力筋的定义	52
2.8.6	跨板受力筋的绘制	55
2.8.7	板负筋的定义	55
2.8.8	负筋的绘制	57
2.8.9	小结与延伸	58

任务2.9	独立基础	58
2.9.1	独立基础的定义	58
2.9.2	独立基础的绘制	61

任务2.10	钢筋三维	61

任务2.11	砌体结构	64
2.11.1	砌体墙的定义和绘制	64
2.11.2	门窗洞的定义和绘制	65
2.11.3	构造柱的定义和绘制	68
2.11.4	过梁的定义和绘制	68
2.11.5	砌体加筋的定义和绘制	70

任务2.12	其他楼层的绘制	71
2.12.1	层间复制	71
2.12.2	复制后修改	73
2.12.3	顶层	73
2.12.4	小结与延伸	75

任务2.13	零星构件	75
2.13.1	直接输入法	75
2.13.2	参数输入法	78

任务2.14	计算设置和查看工程量	80
2.14.1	计算设置	80
2.14.2	查看工程量	84
2.14.3	报表预览	85
2.14.4	文件导出	86

任务2.15	1号楼钢筋算量软件三维图	88
项目小结		88
技能训练		89

项目3 广联达土建算量软件GCL2013的应用 90

任务3.1	了解土建算量软件的计算思路	90
3.1.1	算量软件计算什么量	90
3.1.2	算量软件是如何算量的	90

任务3.2	工程实例1号楼工程建立	91
3.2.1	启动软件	91
3.2.2	新建工程	91
3.2.3	导入钢筋工程	94
3.2.4	楼层设置	97
3.2.5	计算设置与计算规则	97

任务3.3	基础土方的定义及绘制	97
3.3.1	垫层	97
3.3.2	土方	100

任务3.4	楼梯的定义及绘制	101

3.4.1　楼梯的定义 ……………………… 101
　　3.4.2　楼梯的绘制 ……………………… 103
任务3.5　建筑部分套取清单和定额 ……… 104
　　3.5.1　墙 …………………………………… 104
　　3.5.2　柱 …………………………………… 108
　　3.5.3　梁 …………………………………… 108
　　3.5.4　过梁 ………………………………… 109
　　3.5.5　板 …………………………………… 109
　　3.5.6　基础 ………………………………… 109
任务3.6　装修的定义及绘制 ……………… 110
　　3.6.1　楼地面的定义 ……………………… 110
　　3.6.2　踢脚的定义 ………………………… 112
　　3.6.3　墙面的定义 ………………………… 112
　　3.6.4　天棚的定义 ………………………… 113
　　3.6.5　吊顶的定义 ………………………… 113
　　3.6.6　房间的定义 ………………………… 114
任务3.7　室外构件的定义及绘制 ………… 115
　　3.7.1　外墙面 ……………………………… 115
　　3.7.2　屋面 ………………………………… 116
　　3.7.3　台阶 ………………………………… 117
　　3.7.4　散水 ………………………………… 118
　　3.7.5　平整场地 …………………………… 119
任务3.8　表格输入和报表预览 …………… 119
任务3.9　1号楼土建算量软件三维图 …… 121
项目小结 ……………………………………… 122
技能训练 ……………………………………… 122

项目4　CAD图纸识别 ……………………… 124
任务4.1　CAD图纸管理 …………………… 124
　　4.1.1　添加图纸 …………………………… 125
　　4.1.2　删除图纸 …………………………… 126
　　4.1.3　整理图纸 …………………………… 127
　　4.1.4　手动分割 …………………………… 127
　　4.1.5　定位图纸 …………………………… 128
任务4.2　CAD草图 ………………………… 128
　　4.2.1　插入CAD图 ………………………… 128
　　4.2.2　清除CAD图 ………………………… 129
　　4.2.3　定位CAD图 ………………………… 130
　　4.2.4　批量替换 …………………………… 130
任务4.3　构件识别 ………………………… 130
　　4.3.1　识别轴网 …………………………… 130
　　4.3.2　识别柱大样 ………………………… 131
　　4.3.3　识别柱 ……………………………… 131
　　4.3.4　识别墙 ……………………………… 132
　　4.3.5　识别门窗洞 ………………………… 133
　　4.3.6　识别梁和连梁 ……………………… 133
　　4.3.7　识别受力筋 ………………………… 135
　　4.3.8　识别独立基础 ……………………… 135
项目小结 ……………………………………… 136
技能训练 ……………………………………… 136

项目5　广联达计价软件GBQ4.0的
　　　　应用 ………………………………… 137
任务5.1　工程实例1号楼工程量
　　　　清单的编制 ………………………… 137
　　5.1.1　新建工程量清单计价工程 ………… 137
　　5.1.2　编制建筑工程量清单 ……………… 139
　　5.1.3　生成电子招标书 …………………… 148
任务5.2　工程实例1号楼招标控制价的
　　　　编制 ………………………………… 150

5.2.1 工程量清单的编制……………150
5.2.2 分部分项定额组价………………150
5.2.3 措施项目、其他项目清单组价……154
5.2.4 人材机汇总………………………156
5.2.5 报表的编辑与打印………………158

项目小结……………………………………158
技能训练……………………………………158

参考文献……………………………………160

项目1 工程造价软件(广联达)初识

内容提要

工程造价软件(广联达)是我国目前使用较广泛的一款造价软件,从宏观上了解其结构组成、特点及基本操作流程,有利于掌握该软件的使用方法。

任务描述

1. 了解工程造价软件(广联达)的结构组成和特点。
2. 了解工程造价软件(广联达)的基本操作流程,建立对工程造价软件(广联达)的整体印象。
3. 掌握工程造价软件(广联达)常用功能键的使用。

任务1.1 工程造价软件(广联达)简介

2013版工程造价软件(广联达)主要由广联达BIM钢筋算量软件GGJ2013、广联达BIM土建算量软件GCL2013、广联达计价软件GBQ4.0三部分组成。

(1)广联达BIM钢筋算量软件GGJ2013主要通过画图的方式快速建立建筑物的计算模型,并根据内置的平法图集和规范实现自动扣减、精确算量;还可以根据不同的要求,自行设置和修改内置的平法图集和规范,以满足不同的需求。它在计算过程中能够快速、准确地计算和核对,达到钢筋算量方法实用化、算量过程可视化、算量结果准确化的目的。

(2)广联达BIM土建算量软件GCL2013是基于广联达公司自主平台研发的一款算量软件,内置全国各地现行的清单、定额计算规则。该软件采用CAD导图算量、绘图输入算量、表格输入算量等多种算量模式和三维状态自由绘图、编辑模式,具有高效、直观、简单等特点。

(3)广联达计价软件GBQ4.0是集计价、招标管理、投标管理于一体的计价软件,能帮助工程造价人员解决电子招投标环境下的工程造价和招投标业务问题,使计价更高效、招标更快捷、投标更安全。

任务1.2 工程造价软件(广联达)基本操作流程

1.2.1 利用工程造价软件计算工程项目造价的整体操作思路

为了提高工程造价的计算效率,利用工程造价软件(广联达)计算工程项目造价时应遵循以下操作思路：

（1）启动广联达 BIM 钢筋算量软件 GGJ2013，进行构件钢筋的定义和绘制，计算钢筋的工程量，导出钢筋的相关报表，保存钢筋算量文件。

（2）启动广联达 BIM 土建算量软件 GCL2013，导入钢筋算量文件，套取构件清单及定额，并选择或编辑工程量代码，计算构件清单及定额工程量，保存土建算量文件。

（3）启动广联达计价软件 GBQ4.0，导入土建算量文件，进行定额套用、换算、调价、市场价载入、取费、工料机分析，导出相关报表。

1.2.2 广联达 BIM 钢筋算量软件 GGJ2013 的基本操作流程

广联达 BIM 钢筋算量软件 GGJ2013 的基本操作流程可分为以下两种。

1. 手动绘图输入

手动绘图输入的基本操作流程：启动软件→新建工程（包括工程名称、工程信息、比重设置、弯钩设置、计算设置、楼层设置）→绘图输入（包括新建轴网、定义构件属性、绘图）→单构件输入→汇总计算→报表预览。

2. CAD 识别导入

在具有完整、规范的电子施工图的情况下，可采用 CAD 识别导入的方法快速输入。其基本操作流程：启动软件→新建工程（包括工程名称、工程信息、比重设置、弯钩设置、计算设置）→CAD 识别（包括楼层识别、轴网识别、构件识别、构件钢筋识别）→单构件输入→汇总计算→报表预览。

1.2.3 广联达 BIM 土建算量软件 GCL2013 的基本操作流程

广联达 BIM 土建算量软件 GCL2013 的基本操作流程可分为以下两种。

1. 手动绘图输入

手动绘图输入的基本操作流程：启动软件→新建工程（包括工程名称、工程信息、比重设置、弯钩设置、计算设置、楼层设置）→绘图输入（包括新建轴网、定义构件属性、绘图）→单构件输入→汇总计算→报表预览。

2. CAD 识别导入

在具有完整、规范的电子施工图的情况下，可采用 CAD 识别导入的方法快速输入。其基本操作流程：启动软件→新建工程（包括工程名称、工程信息、比重设置、弯钩设置、计算设置）→CAD 识别（包括楼层识别、轴网识别、构件识别）→单构件输入→汇总计算→报表预览。

1.2.4 广联达计价软件 GBQ4.0 的基本操作流程

广联达计价软件 GBQ4.0 的基本操作流程可分为以下两种。

1. 手动输入

手动输入的基本操作流程：启动软件→新建项目（包括工程名称、工程信息、比重设置、弯钩设置、计算设置)→CAD 识别(包括楼层识别、轴网识别、构件识别)→单构件输入→汇总计算→报表预览。

2. 自动导入

自动导入的基本操作流程：启动软件→新建项目(包括工程名称、工程信息、比重设置、弯钩设置、计算设置)→导入 Excel 文件或导入图形算量文件→进行定额套用、换算、调价、市场价载入、取费、工料机分析，导出相关报表。

1.2.5 常用构件绘制顺序

(1)针对不同的结构类型，采用不同的绘制顺序，能够方便绘制，快速计算，提高工作效率。对不同的结构类型，可以采用以下绘制流程：

1)剪力墙结构：剪力墙→门窗洞→暗柱/端柱→暗梁/连梁。
2)框架结构：柱→梁→板。
3)框剪结构：柱→剪力墙→梁→板→砌体墙。
4)砖混结构：砖墙→门窗洞→构造柱→圈梁。

(2)根据结构的不同部位，推荐使用绘制流程为：首层→地上→地下→基础。

任务 1.3　软件绘图学习的重点——点、线、面的绘制

广联达 BIM 钢筋算量软件 GGJ2013 主要通过绘图建立模型的方式进行钢筋工程量的计算，构件图元的绘制是软件使用中的重要部分。因此，了解绘图方式是学习钢筋算量的基础。下面概括介绍软件中构件的图元形成和常用的绘制方式。

1.3.1 构件图元的分类

实际工程中的构件按照图元形状可以划分为点状构件、线状构件和面状构件。
(1)点状构件包括柱、门窗洞口、独立基础、桩、桩承台等。
(2)线状构件包括梁、墙、条形基础。
(3)面状构件包括现浇板、筏形基础。

不同形状的构件有不同的绘制方法。对于点状构件，主要是"点"画法；对于线状构件，可以使用"直线"画法和"弧线"画法，也可以使用"矩形"画法在封闭的区域内绘制；对于面状构件，可以采用直线绘制边围成面状图元画法，也可以采用"弧线"画法、"点"画法、"矩形"画法。

1.3.2 "点"画法和"直线"画法

1. "点"画法

"点"画法适用于绘制点状构件(如柱)和面状构件(如现浇板)。操作方法如下：

第一步　在"构件"工具栏中选择一种已经定义的构件，如图 1-1 所示，选择"KZ 1"。

图 1-1 "构件"工具栏(1)

第二步 在"绘图"工具栏中选择"点"命令,如图 1-2 所示。

图 1-2 "绘图"工具栏(1)

第三步 在绘图区域内任选一点作为构件的插入点,单击鼠标完成绘制。

2."直线"画法

"直线"画法主要适用于绘制线状构件,当需要绘制一条或者多条连续的直线时,可以采用绘制直线的方式。操作方法如下:

第一步 在"构件"工具栏中选择一种已经定义的构件,如图 1-3 所示,选择"KL-1"。

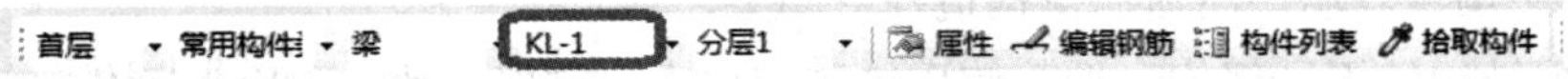

图 1-3 "构件"工具栏(2)

第二步 在"绘图"工具栏中选择"直线"命令,如图 1-4 所示。

图 1-4 "绘图"工具栏(2)

第三步 用鼠标在绘图区域点取第一点,再点取第二点可以画出第一道梁,再点取第三点就可以在第二点和第三点之间画出第二道梁,再点取第四点就可以在第三点和第四点之间画出第三道梁,依此类推。这种画法是系统默认的画法。当在连续绘图中需要从一点直接跳到一个不连续的地方时,单击鼠标右键临时中断,然后再到新的轴线交点上点取第一点即可开始连续绘图,如图 1-5 所示。

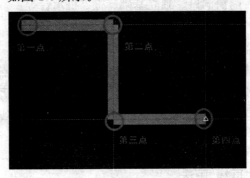

图 1-5 通过鼠标点取方式画梁

直线绘制现浇板等面状图元,采用和直线绘制梁同样的方法,不同的是要连续绘制,使绘制的线围成一个封闭的区域,形成一块面状图元。绘制结果如图 1-6 所示。

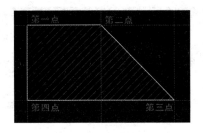

图 1-6　绘制面状图元

了解了软件中的构件形状分类,学会了主要的绘制方法,就可以快速地在绘制区域进行构件的建模,进而完成工程量的计算。

任务 1.4　常用菜单介绍

1.4.1　广联达算量软件界面介绍

在使用广联达算量软件进行算量时,一般先使用钢筋算量软件绘制图形(或导入电子版图纸进行识别)并计算钢筋工程量,经检查无误后导入土建算量软件计算土建工程量(两种软件可互导),所以,本书对广联达算量软件主界面的介绍以钢筋算量软件为主。

1."工程设置"界面

(1)"工程设置"界面分为"工程信息""比重设置""弯钩设置""损耗设置""计算设置"和"楼层设置"等模块。

(2)模块导航栏:可在软件的各个界面切换,如图1-7所示。

2."绘图输入"界面

"绘图输入"界面可分为标题栏、菜单栏、工具栏、状态栏和导航栏及绘图区,如图1-8所示。

(1)标题栏。标题栏从左向右分别显示广联达BIM钢筋算量软件GGJ2013的图标,当前所操作的工程文件的存储路径和工程名称,最小化、最大化、关闭按钮。

(2)菜单栏。标题栏下方为菜单栏,单击每个菜单名称将弹出相应的下拉菜单。

(3)工具栏。依次为"工程"工具栏、"常用"工具栏、"视图"工具栏、"修改"工具栏、"轴网"工具栏、"构件"工具栏、"偏移"工具栏、"辅助功能设置"工具栏、"捕捉"工具栏。

(4)模块导航栏中的构件树列表。表明软件的各个构件类型,可在各个构件之间切换。

(5)绘图区。绘图区是进行绘图的区域。

(6)状态栏。显示各个状态下的绘图信息。

3."单构件输入"界面

在广联达钢筋算量软件中,有些构件在导入图纸时不能识别又不能画上,这时就需要采用单构件参数化图集进行计算,如图1-9所示。

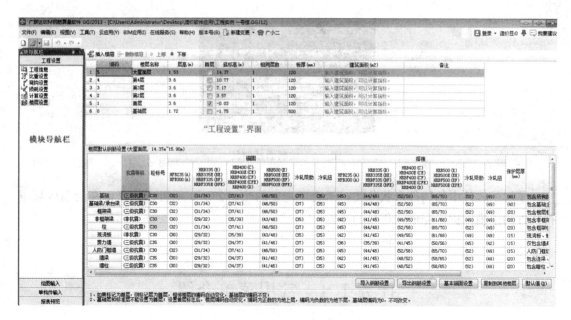

图 1-7 "工程设置"界面

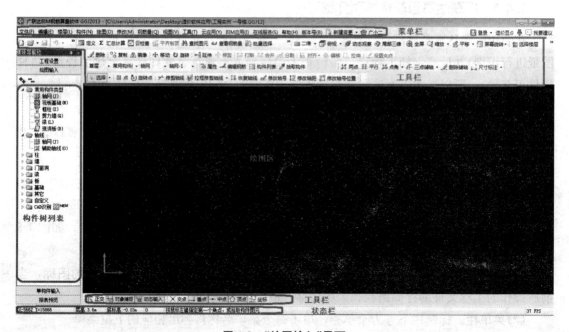

图 1-8 "绘图输入"界面

单构件钢筋计算结果：可以在其中直接输入钢筋数据，也可以通过梁平法输入、柱平法输入和参数法输入方式进行钢筋工程量计算。

4."报表预览"界面

在工程图绘制完成后，单击"汇总计算"按钮，计算完成后切换到"报表预览"界面，可以查看与工程相关的工程量，如图 1-10 所示。

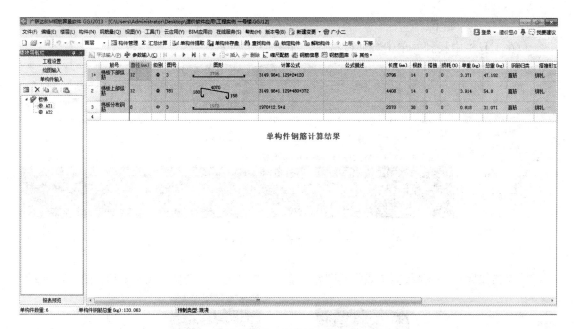

图1-9 "单构件输入"界面

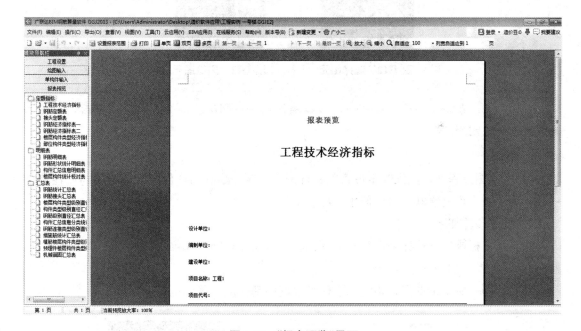

图1-10 "报表预览"界面

1.4.2 广联达算量软件的常用命令及操作

1. 删除

(1)在绘图过程中,如果遇到以下问题,可以使用"删除"功能:

1)绘制的构件图元是错误的;

2)设计变更中说明取消构件。

(2)操作步骤如下：

1)在工具栏中找到并单击"删除"按钮，如图1-11所示。

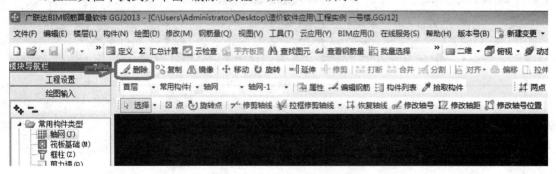

图1-11 单击"删除"按钮

2)单击鼠标或拉框选择需要删除的图元，单击鼠标右键确认选择，如图1-12、图1-13所示。

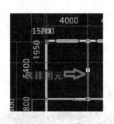 

图1-12 选择图元　　　　图1-13 删除图元

说明：删除某个构件后，该构件的附属构件也会被删除。例如，删除门窗后，门窗上的过梁也会被删除。

2. 复制

(1)在绘图过程中，如果某个位置的构件图元和已经绘制的构件图元的名称与属性完全一致，为了减少重复绘制，可以使用"复制"功能。

(2)操作步骤如下：

1)单击鼠标或拉框选择需要复制的图元，单击鼠标右键，在弹出的快捷菜单中选择"复制"命令，如图1-14所示。

2)在绘图区域单击鼠标，指定一点作为复制的基准点，移动鼠标，如图1-15所示。

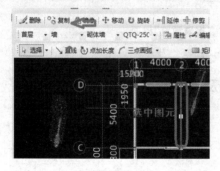 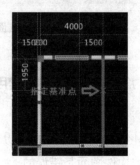

图1-14 选择"复制"命令　　　　图1-15 指定基准点

3)再次单击鼠标指定一点,确定要复制的目标位置,则所选构件图元将被复制到目标位置,如图1-16所示。

4)移动鼠标,可以继续复制所选构件图元到其他位置,或单击鼠标右键终止,如图1-17所示。

图1-16 指定插入点

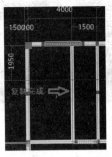
图1-17 复制完成

说明:在复制构件图元的同时,该构件的附属构件也会被复制。例如,复制墙体后,墙体上的门窗洞也会被复制。

3. 镜像

(1)在绘图过程中,如果遇到以下情况,可以使用"镜像"功能:

1)在当前楼层中,某个位置的所有图元和已经绘制的图元完全对称;

2)绘制住宅楼时,左、右两个单元或户型完全一致。

(2)操作步骤如下:

1)单击鼠标或拉框选择需要镜像的图元,单击鼠标右键,在弹出的快捷菜单中选择"镜像"命令,如图1-18所示。

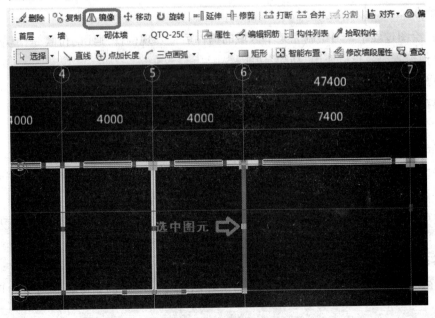
图1-18 选择"镜像"命令

2)移动鼠标,在绘图区域单击鼠标,指定镜像线的第一点和第二点,如图1-19和图1-20所示。

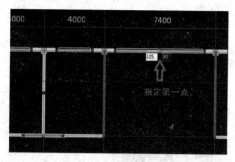 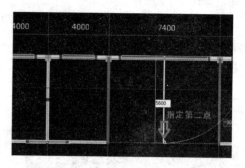

图1-19 指定第一点　　　　　　　　　图1-20 指定第二点

3)当单击确定镜像线的第二个点后,系统会弹出"是否要删除原来的图元?"的确认对话框,根据工程实际需要单击"是"或"否"按钮,则所选构件图元将会按该基准线镜像到目标位置,如图1-21和图1-22所示。

 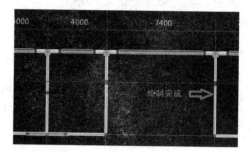

图1-21 确认对话框　　　　　　　　　图1-22 绘制完成

4. 移动

(1)在绘图过程中,当绘制完某个区域的构件后,发现构件图元的位置是错误的,需要移动到其他位置时,可以使用"移动"功能。

(2)操作步骤如下:

1)单击鼠标或拉框选择需要移动的图元,单击鼠标右键,在弹出的快捷键菜单中选择"移动"命令,如图1-23所示。

2)单击鼠标确定移动的基准点,如图1-24所示。

3)单击鼠标指定一点,确定要移动的目标位置,则所选构件图元将被移动到目标位置,如图1-25所示。

说明:在移动构件图元的同时,该构件的附属构件也会被移动。例如,移动墙体后,墙体上的门窗也会被移动。

5. 旋转

(1)在绘制过程中,如果需要将选中的构件图元旋转一定的角度,则可以使用"旋转"功能。

(2)操作步骤如下:

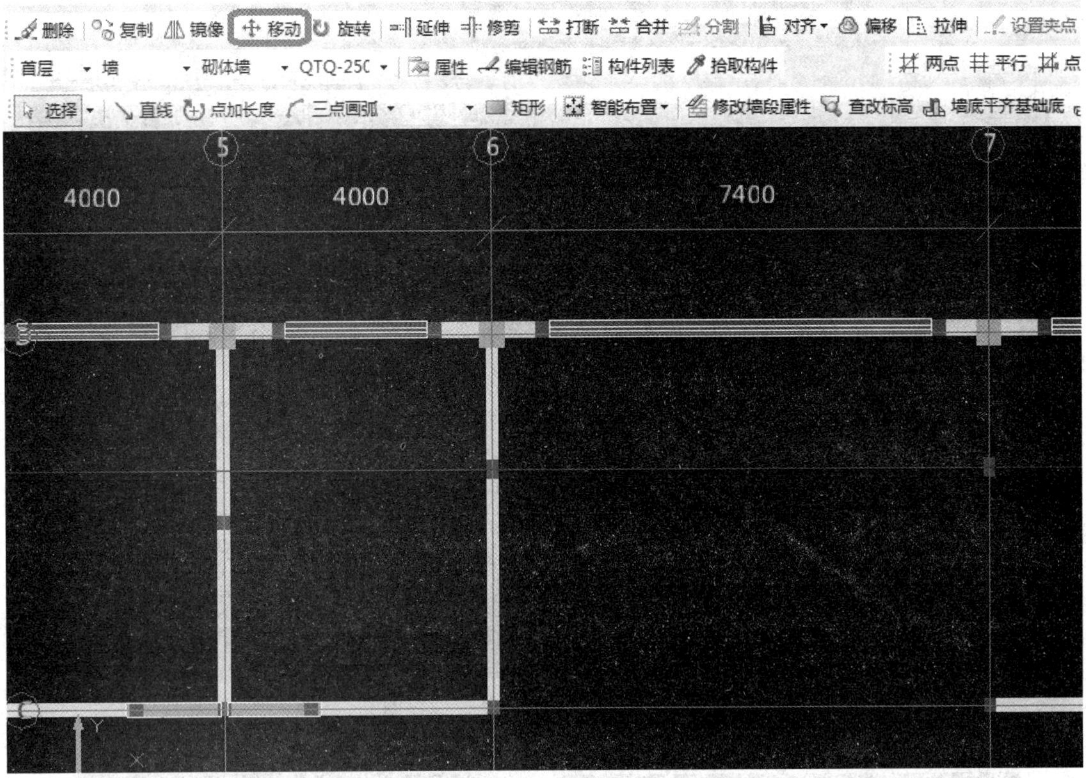

图1-23 选择"移动"命令

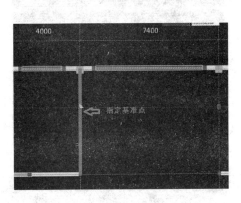

图1-24 确定基准点

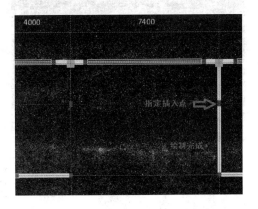

图1-25 指定插入点，绘制完成

1）单击鼠标或拉框选择需要旋转的图元，单击鼠标右键，在弹出的快捷菜单中选择"旋转"命令，如图1-26所示。

2）单击鼠标，确定旋转的基准点，移动鼠标，如图1-27所示。

3）单击鼠标指定一点以确定旋转的角度，所选构件图元将会按该角度旋转，在弹出的提示框中输入旋转角度，如图1-28所示。

4）输入旋转角度后，系统会弹出"是否要删除原来的图元？"的确认提示框，根据工程实际需要单击"是"或"否"按钮，如图1-29和图1-30所示。

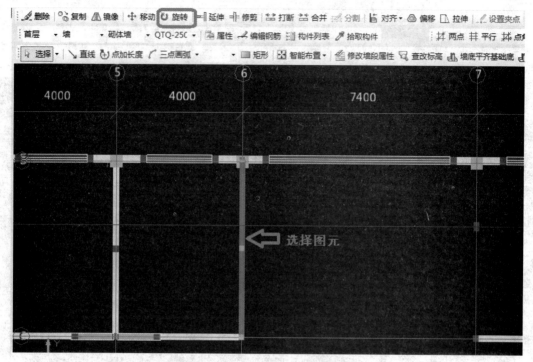

图 1-26 选择"旋转"命令,选择图元

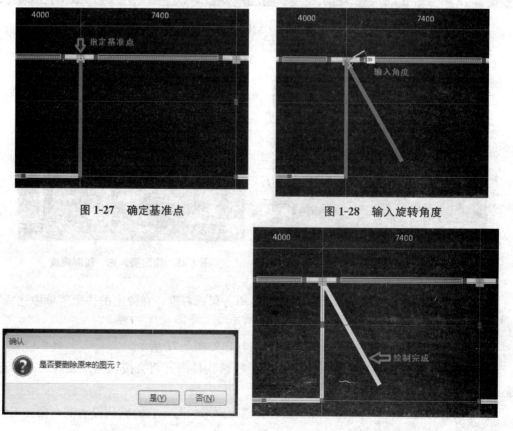

图 1-27 确定基准点　　　　图 1-28 输入旋转角度

图 1-29 确认对话框　　　　图 1-30 绘制完成

6. 延伸

(1)在绘图的过程中,如果需要将选中的线性构件图元延伸到指定的边界线,可以使用"延伸"功能。

(2)操作步骤如下:

1)在工具栏中找到并单击"延伸"按钮,如图1-31所示。

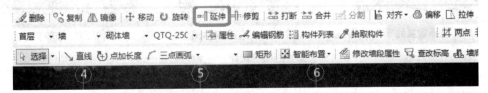

图1-31 单击"延伸"按钮

2)单击鼠标,选择需要延伸的边界线,如图1-32所示。

3)单击鼠标选择需要延伸的构件图元,则所选构件图元被延伸至边界线。

4)绘制完成后,单击鼠标右键结束操作,如图1-33所示。

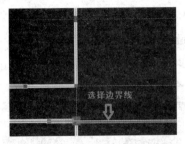 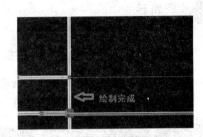

图1-32 选择边界线　　　　图1-33 选择延伸图元,绘制完成

7. 修剪

(1)在绘图过程中,如果遇到以下情况,可以使用"修剪"功能:

1)需要将选中的构件图元修剪到指定的边界;

2)需要删除线性构件图元的一部分。

(2)操作步骤如下:

1)在工具栏中找到并单击"修剪"按钮,如图1-34所示。

图1-34 单击"修剪"按钮

2)单击鼠标选择需要修剪的边界线,如图1-35所示。

3)单击鼠标选择需要修剪的构件图元,则所选构件图元的选中部分被剪掉,如图1-36所示。

4)修剪完成后,单击鼠标右键结束操作,如图1-37所示。

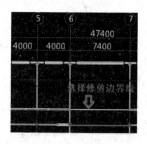 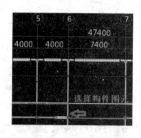 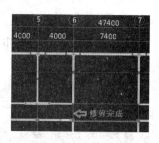

图 1-35　选择需要修剪的边界线　　　图 1-36　选择构件图元　　　图 1-37　修剪完成

8. 合并

(1) 在绘图过程中，如果遇到以下情况，可以使用"合并"功能：

1) 把两个或多个面状构件图元合并为一个整体进行操作，如把多块板合并后进行定义斜板的操作；

2) 把两个或多个线性构件图元合并为一个整体进行操作，如把在同一轴线上的两个墙图元合并后定位为斜墙。

(2) 操作步骤如下：

1) 单击鼠标或拉框选择需要复制的图元，单击鼠标右键，在弹出的快捷菜单中选择"合并"命令，或在工具栏中找到并单击"合并"按钮，如图 1-38、图 1-39 所示。

图 1-38　单击"合并"按钮

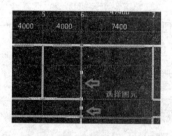

图 1-39　选择合并图元

2) 系统弹出确认对话框，单击"是"按钮，如图 1-40 所示。

3) 系统弹出提示对话框，单击"确定"按钮完成操作，如图 1-41 所示。

 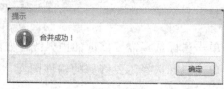

图 1-40　确认对话框　　　　　　　　图 1-41　合并成功

1.4.3 常用术语介绍

1. 主楼层

主楼层就是实际工程中的楼层,即基础层、地下×层、首层、第二层、标准层、顶层、屋面层等,楼层的操作见"工程设置"界面中的"楼层设置"模块,如图1-42所示。

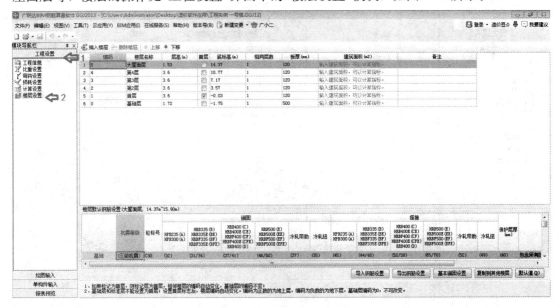

图1-42 "楼层设置"模块

2. 构件

构件即在绘图过程中建立的剪力墙、梁、板、柱等,如图1-43所示。

3. 构件图元

构件图元简称图元,是指绘制在绘图区域的图形,如图1-44所示。

4. 构件ID

构件ID就如同每个人的身份证号,构件ID是按绘图的顺序赋予图元的唯一可识别数字,在当前楼层、当前构件类型中唯一(如果需要隐藏或显示构件ID,打开软件,在菜单栏中选择"工具"→"选项"→"其它"命令,从中找到"显示图元名称带ID"选项,打上对钩或去掉对钩就可以完成以上操作),如图1-45所示。

5. 公有属性

公有属性也称为公共属性,是指构件属性中用蓝色字体表示的属性,归构件图元公有,在图1-46所示的梁属性中,"箍筋"为公有属性,只要是KL-3,则箍筋就为φ8@100/200(2)。

6. 私有属性

私有属性是指构件属性中用黑色字体表示的属性,归构件图元私有。在图1-47所示的梁属性中,"截面宽度"为私有属性,也可以理解为KL-1的构件图元截面宽度可以为250,也可以为300,每个图元之间没有关系,"截面宽度"属性是其私自拥有的。

图 1-43 构件列表

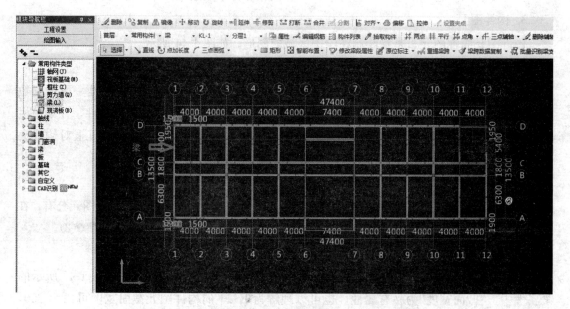

图 1-44 构件图元

图 1-45 构件 ID

图 1-46 公有属性   图 1-47 私有属性

7. 附属构件

当一个构件必须借助其他构件才能存在时,那么该构件被称为附属构件,如门窗洞等,如图 1-48 所示。

8. 点选

当鼠标处在选择状态时,在绘图区域单击某图元,则该图元被选择,此操作即点选,如图 1-49 所示。

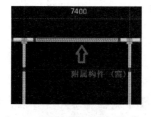

图 1-48 附属构件

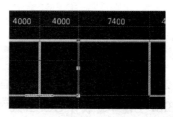

图 1-49 点选

9. 框选

当鼠标处于选择状态时,在绘图区域内拉框进行选择称为框选。

单击图中任意一点,向右方拉一个方框选择,拖动框为实线,只有完全包含在框内的图元才会被选中,如图 1-50 和图 1-51 所示。

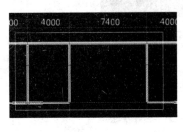

图 1-50　框选

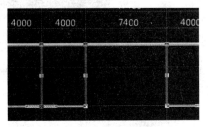

图 1-51　框选完成

10. 点状实体

点状实体在软件中为一个点,通过画点的方式绘制,如柱、独立基础、门、窗、墙洞等。

11. 线状实体

线状实体在软件中为一条线,通过画线的方式绘制,如墙、梁、条形基础等。

12. 面状实体

面状实体在软件中为一个面,通过画一个封闭区域的方法绘制,如板、满堂基础等。

13. 钢筋级别

钢筋信息中 Φ 表示 HPB300 级钢,Φ 表示 HRB335 级钢,Φ 表示 HRB400 级钢,Φ 表示新三级钢,$Φ^L$ 表示冷轧带肋钢筋,$Φ^N$ 表示冷轧扭钢筋。

项目小结

通过对工程造价软件(广联达)的使用进行介绍,使学生初步了解广联达 BIM 钢筋算量软件 GGJ2013、广联达 BIM 土建算量软件 GCL2013 和广联达计价软件 GBQ4.0 的基本操作流程,以及软件的常用功能。

技能训练

1. 广联达 BIM 钢筋算量软件 GGJ2013 的基本操作流程有哪几种方法?分别如何操作?
2. 广联达 BIM 土建算量软件 GCL2013 的基本操作流程有哪几种方法?分别如何操作?
3. 广联达计价软件 GBQ4.0 的基本操作流程有哪几种方法?分别如何操作?

项目 2　广联达 BIM 钢筋算量软件 GGJ2013 的应用

内容提要

工程实例 1 号楼(位于沈阳市，施工图纸见附录)为四层框架结构，采用独立基础，抗震设防烈度为 7 度，檐高(屋顶标高与室外地坪标高之差)为 14.37 m。施工组织设计规定的钢筋连接方式为：框架梁、框架柱、剪力墙暗柱主筋采用直螺纹机械连接接头；其余构件当受力钢筋直径＞16 mm 时，应采用直螺纹机械连接接头，当受力钢筋直径≤16 mm 时，可采用绑扎接头。

任务描述

1. 能够根据 1 号楼施工图纸在广联达 BIM 钢筋算量软件中新建工程信息，建立楼层、轴网，进行首层柱、梁、板等构件钢筋的定义和绘制。
2. 掌握独立基础、砌体结构、零星构件等的定义与绘制。
3. 掌握层间复制、计算设置和查看工程量的方法。

任务 2.1　工程的建立

2.1.1　启动软件

在桌面上双击"广联达 BIM 钢筋算量 GGJ2013"图标(图 2-1)可以启动软件，选择"开始"→"所有程序"→"广联达建设工程造价管理整体解决方案"→"广联达 BIM 钢筋算量 GGJ2013"命令也可以启动软件。

图 2-1　"广联达 BIM 钢筋算量 GGJ2013"桌面快捷方式

2.1.2　新建工程

(1)启动软件后，进入图 2-2 所示的"欢迎使用 GGJ2013"界面。

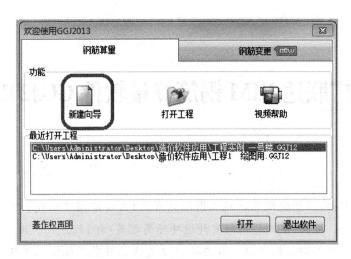

图 2-2 "欢迎使用 GGJ2013"界面

（2）单击启动界面上的"新建向导"按钮，进入新建工程界面，如图 2-3 所示。具体操作步骤如下：

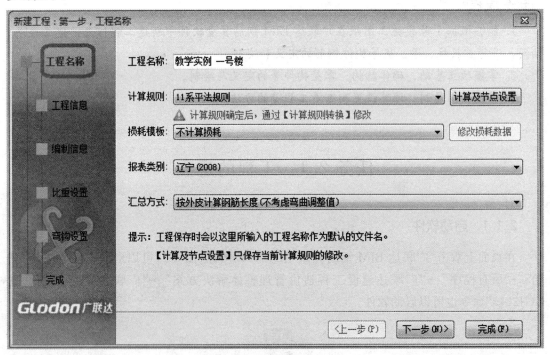

图 2-3 "工程名称"界面

第一步 输入工程名称"教学实例一号楼"。

第二步 根据各地区钢筋计算损耗率，选择报表"损耗模板"，同时，也可以按照实际工程的需要，在"修改损耗数据"对话框中对钢筋损耗数据进行设置和修改。

第三步 根据各地区定额及报表的差异性选择"报表类别"。

第四步 根据图纸和计算要求，选择相应的平法计算规则：00G101 系列/03G101 系列/11 系平法规则/16 系平法规则（系统已按常规计算方式设置好了，如实际工程中有不同的计算方式,可以单击"计算及节点设置"按钮修改计算规则)。

第五步 选择钢筋长度计算方式。通常情况下预算、结算均可选择"按外皮计算钢筋长度",施工放样时可以选择"按中轴线计算钢筋"作为钢筋下料长度参考值,然后单击"下一步"按钮,进入图2-4所示的界面。

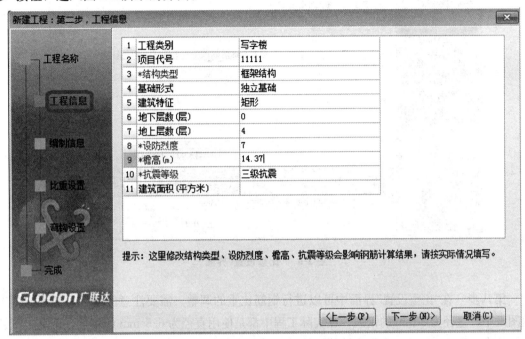

图2-4 "工程信息"界面

第六步 在"工程信息"界面中添加结构类型、设防烈度和檐高,软件会自动计算出抗震等级,也可以在"抗震等级"项目中直接选择,然后单击"下一步"按钮,进入图2-5所示的界面。

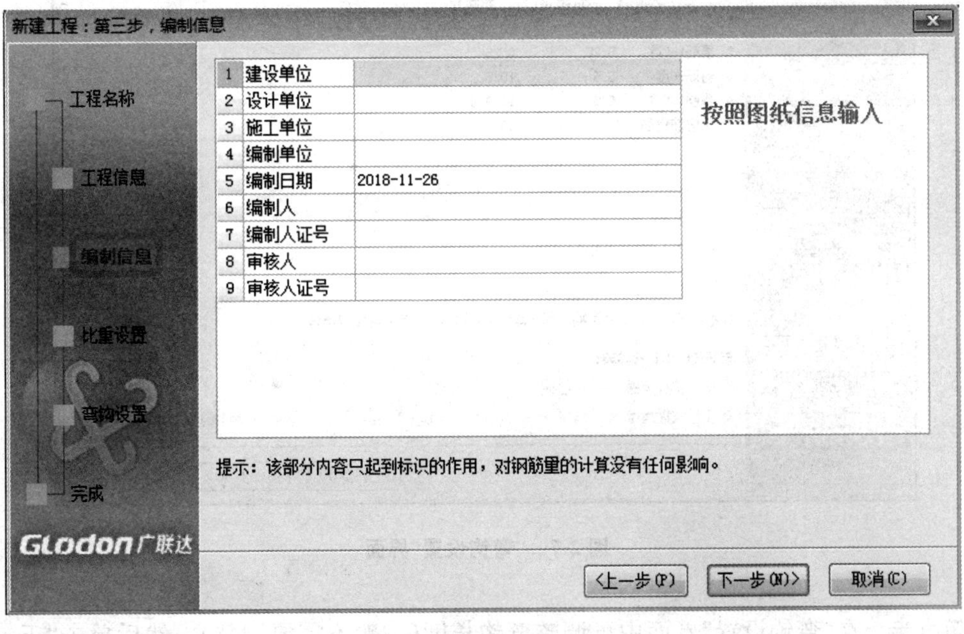

图2-5 "编制信息"界面

第七步 在"编辑信息"界面中添加工程的基本信息,以方便进行工程管理(该部分对工程量计算没有任何影响,可以不输入),然后单击"下一步"按钮,进入图 2-6 所示的界面。

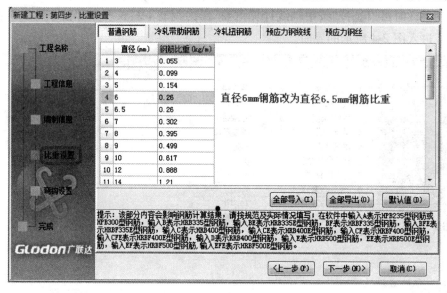

图 2-6 "比重设置"界面

第八步 在"比重设置"界面中可以进行钢筋比重的调整。需要注意的是,一般现行的工程图纸中,直径为 6 mm 的钢筋,在实际工程中都是使用直径为 6.5 mm 的钢筋,因此,图纸上标注直径为 6 mm 的,实际在计算钢筋重量时要按直径为 6.5 mm 的钢筋比重进行。在软件中的处理方法是,直接把直径为 6.5 mm 的钢筋比重 0.26 kg/m 复制粘贴到直径为 6 mm 的"钢筋比重"一栏覆盖即可。单击"下一步"按钮,进入图 2-7 所示的界面。

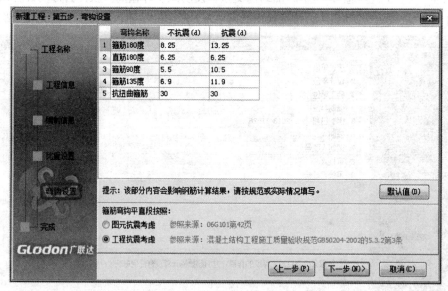

图 2-7 "弯钩设置"界面

第九步 在"弯钩设置"界面中可调整弯钩长度(一般不需要调整),然后单击"下一步"

按钮，进入图2-8所示的界面。

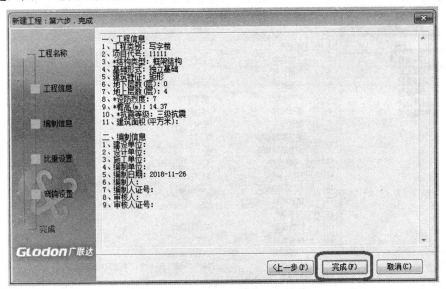

图2-8 建立工程完成窗口

第十步 预览新建工程的基本信息。如果需要修改，可以单击"上一步"按钮返回进行修改，确认信息无误后单击"完成"按钮，工程就建立完成了。

(3)在软件中新建工程。在已经打开的软件中新建工程，操作步骤如下：

第一步 单击菜单栏中的"文件"→"新建"按钮。

第二步 在新建工程向导中进行设置。

任务2.2 工程设置

在新建完工程后，需要重新填写或者修改工程信息、报表类别、钢筋损耗、抗震等级、汇总方式等信息，可以在"工程设置"界面重新进行设定、修改。

2.2.1 工程信息

在2.1.2节中**第十步**的界面上单击"完成"按钮，切换到"工程设置"界面，在模块导航栏中选择"工程信息"模块，将显示新建工程的工程信息，并可方便地查看和进行修改，如图2-9所示。

2.2.2 计算设置

"计算设置"模块显示软件内置的规范和图集，包括各类型构件计算过程中所用参数的设置，这会直接影响钢筋计算的结果；软件中默认的都是规范中规定的数值和工程中最常用的数值，按照图集设计的工程一般不需要进行修改；有特殊需要时，可以根据结构施工说明和施工图对具体的项目进行修改，如图2-10所示。

图 2-9 "工程信息"模块

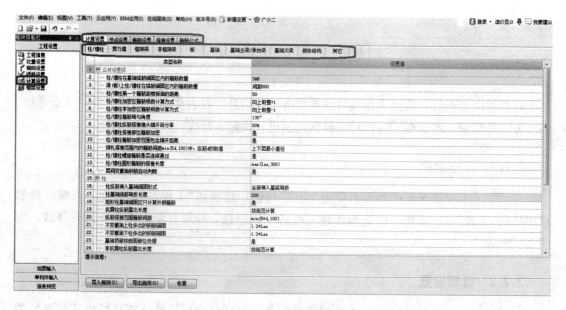

图 2-10 "计算设置"模块

基础插筋的弯折长度,默认为 a(可在"计算设置"→"节点设置"→"柱/墙柱"→"基础插筋"中查看),如图 2-11 所示。

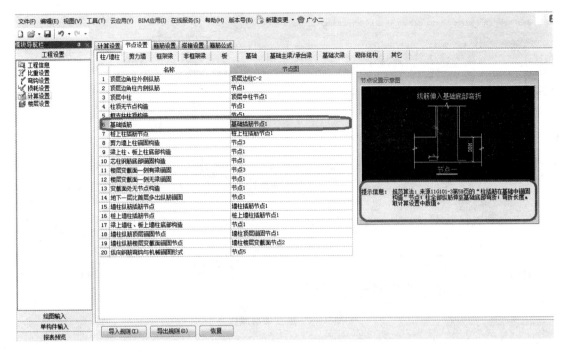

图 2-11 "节点设置"界面

在"计算设置"模块中,系统均已按照现行平法×G101-×系列图集和规范进行了设置,如设计图纸有特殊规定,可以自行进行设置、修改。

2.2.3 楼层设置

1. 建立楼层

在"楼层设置"模块中可以通过"插入楼层"按钮快速建立楼层。如果要删除多余或错误的楼层,则单击"删除楼层"按钮进行删除,如图 2-12 所示。

2. 标准层的建立

如在实际工程中,第二层到第四层为标准层,在相同层数处输入层数"3"按回车键即可。继续单击"插入楼层"按钮,系统会自动添加到第五层。

3. 地下室的建立

如在实际工程中有地下室,则需添加地下室。添加地下室的方法有以下三种:

(1)单击基础层,单击"插入楼层"按钮,软件自动添加第-1层,编码为-1。如果还有地下室,继续单击"插入楼层"按钮,软件会继续添加第-2层,编码为-2,依此类推。

(2)设置首层标志。当设置首层标志后,楼层编码会自动变化。编码为正数的是地上层;编码为负数的是地下层;基础层编码为0,不可改变。

(3)添加楼层后,在首层上单击鼠标右键,在弹出的快捷菜单中选择"上移"命令,首层将上移。首层上移后,软件会自动添加第-1层。

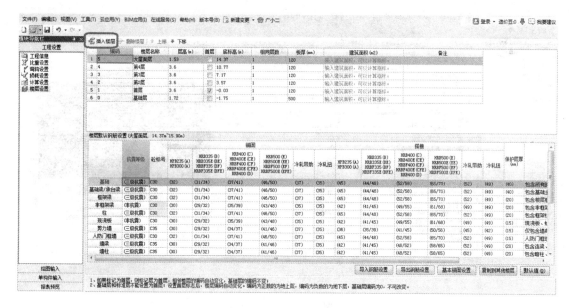

图 2-12 建立楼层操作

4. 层高定义

基础层高：无地下室时，从基础垫层面（即基础底面）至首层结构地面；有地下室时，从基础垫层面（即基础底面）到地下室底板面，均不考虑垫层高度。

主体层高：将各楼层板面结构标高差设置为当前楼层层高。

屋面层高：将屋面板顶以上部分（包括女儿墙、屋面、楼梯间、屋面消防水池等）设置为一个楼层。

5. 设置首层底标高

在实际工程中，建筑标高和结构标高都有一定的差值。根据实际情况调整首层底标高后，软件会自动根据各楼层的层高设定值改变各楼层的底标高。

说明：如基础有多个标高，按标高最低的基础底标高定义基础层层高。其余基础即可在相应的层高范围内进行调整。屋面层层高同理按标高最高的构件至屋面板顶高度定义层高。

6. 楼层信息的设置

在实际工程中，不同楼层的混凝土强度等级可能不同，不同构件的抗震等级也可能不同。因此，各构件的锚固、搭接也就不同，可以在"楼层管理"中进行设置。操作步骤如下：

第一步 选择相应的楼层，再选择相应的构件类型，直接单击"抗震等级""混凝土标号（强度等级）"下拉菜单进行选择（修改后颜色会发生变化），系统自动按照平法图集×G101－×的内容进行设置，钢筋的锚固、搭接值也会自动修改，如图 2-13 所示。

第二步 调整不同构件的"保护层厚度"。

第三步 如果第二层的混凝土强度等级、构件抗震等级、保护层厚度均与第一层相同，可以单击"复制到其他楼层"按钮，在弹出的"楼层选择"对话框中选择需要复制的楼层即可。用这个方法可以快速复制多个楼层，如图 2-14 所示。

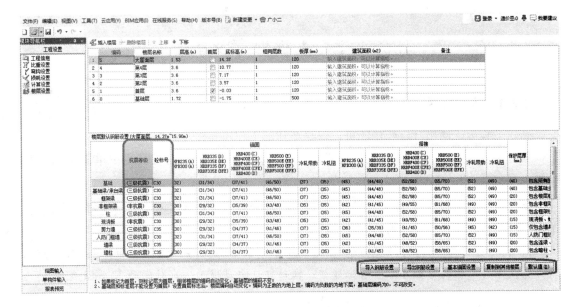

图 2-13 设置混凝土强度等级

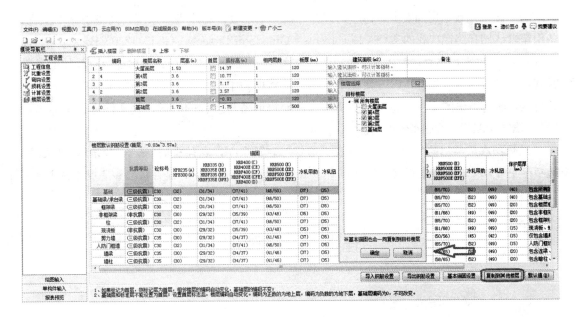

图 2-14 复制楼层

说明:"锚固""搭接"栏中"(34/37)""/"前面的数值表示钢筋直径 $d \leqslant 25$ mm 时的取值,"/"后面的数值表示钢筋直径 $d > 25$ mm 时的取值。如果在实际工程中构件的锚固、搭接长度值与规范取值不同,可以直接进行修改(不加括号,有括号表示系统默认值)。修改后如需恢复可以单击"默认值"按钮恢复原来的默认锚固、搭接长度值,但修改的抗震等级和混凝土强度等级不会恢复默认,如需修改可以重新调整。

任务 2.3 工程保存及备份

2.3.1 工程保存

新建工程后，使用"保存"功能可以保存新建的工程，操作步骤如下：

第一步 在菜单栏"文件"下拉列表中选择"保存"命令，或在工具栏中单击"保存"按钮 。

第二步 弹出"工程另存为"对话框，在"文件名"一栏中输入工程名称，选择储存位置，单击"保存"按钮即可。

说明："另存为"功能可以把当前工程以另外一个名称保存，操作步骤同"保存"功能，软件默认保存工程的路径可以查看标题栏；软件默认自动提示保存时间为 15 min。

2.3.2 备份工程

为了使工程数据更加安全，每单击保存一次，系统会自动以当前系统时间备份一个工程，备份至默认储存路径（"我的文档 \ Documents \ GrandSoft Projects \ GGJ \ 12.0 \ Backup \ 当前工程名称"文件夹，本路径参考 Windows7 操作系统）。每个备份工程的名称都带有具体的备份时间，并且时间精确到秒，以方便提取。另外，软件为了防止备份工程的数据被一些病毒恶意篡改，所有备份的文件都为未识别文件。需要提取备份工程的时候，将文件进行重命名后删除后缀".BAK"，按回车键即可。

说明：在菜单栏的"工具"下拉列表中选择"选项"命令，在弹出的"选项"对话框的"文件"选项卡中可以修改软件自动保存的时间，并且可以修改备份文件的储存路径和清理备份文件。

任务 2.4 轴网

2.4.1 轴网的定义

单击模块导航栏中的"绘图输入"按钮，切换到"绘图输入"界面，如图 2-15 所示。

双击模块导航栏中的"轴线"按钮，在弹出的子菜单中双击"轴网"选项；或双击模块导航栏中的"轴线"按钮后，在弹出的子菜单中选择"轴网"选项，然后单击工具栏中的"定义"按钮，如图 2-16 所示。

系统共有三种类型的轴网，即正交轴网、圆弧轴网、斜交轴网。以实际案例轴网为例（轴网为正交轴网），操作步骤如下：

第一步 单击"新建"按钮，选择"新建正交轴网"命令。

第二步 在"属性值"栏输入相应的轴网名称，然后在"类型选择"中选择开间或进深，开间和进深简单来说就是对应图纸上的"上""下""左""右"四个方向。先选择"下开间"，因

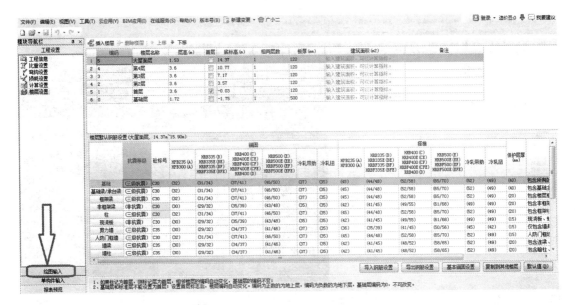

图 2-15 模块导航栏

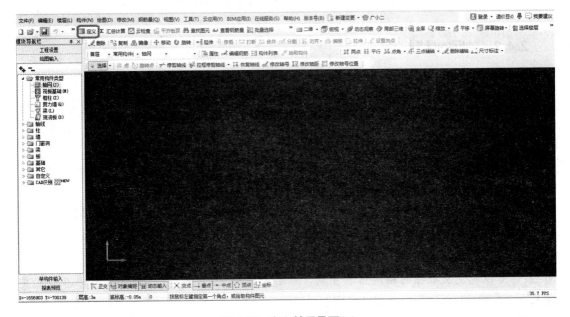

图 2-16 定义轴网界面(1)

为第一段开间,即①轴和②轴的轴线距离为 4 000,在"轴距"栏中直接输入"4 000",按回车键,轴号不用输入,轴号系统会自动生成。第二段继续输入"4 000",按回车键,同理把下开间的轴距输入即可,轴号系统会自动生成。

第三步 选择"左进深",同样依次输入轴距(另一种输入的方法是直接双击常用值,或者在空白处输入轴距,然后单击"添加"按钮)。当输入完开间和进深的数值后,在右边预览区域出现新建的轴网预览,如果发现输入的轴距错误,可以立即进行修改。上述步骤如图 2-17 所示。

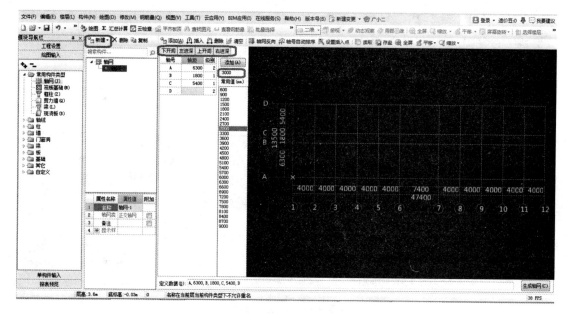

图 2-17 定义轴网界面(2)

2.4.2 轴网的绘制

第一步 定义完毕后,单击"绘图"按钮,新的轴网就建立成功了。

第二步 输入角度,一般矩形轴网偏移角度为零,直接单击"确定"按钮。轴网就自动绘制到绘图区域,如图 2-18 所示。

第三步 如果还需要新建轴网,可以单击"新建"按钮继续新建轴网,也可以进行"删除"或者"复制"操作。

图 2-18 输入角度

说明:(1)一般定义工程的轴网只需要定义主轴,附加轴网可以在"辅助轴线"中添加。另外,本工程"上开间"的轴号与"下开间"的轴号一致,轴距也一致。当定义完"下开间"后,可以把定义数据的轴网信息复制,然后粘贴到"上开间"的定义数据中,不必重复输入。

(2)在实际工程中,如果要重复使用建立好的轴网,可以使用"轴网定义"工具栏中的"存盘"功能进行轴网保存,需要时可以单击"读取"按钮快速建立轴网。

(3)系统提供定义级别的功能,即可以标注多段定形尺寸。

2.4.3 轴网的修改

轴网修改的基本命令有以下几种,以一张打开的轴网为例,如图 2-19 所示。

1. 修剪轴线

单击工具栏中的"修剪轴线"按钮,然后单击鼠标选择要剪除的轴线段,再单击鼠标指定被修剪的线段(可以按状态栏提示操作,状态栏均有详细的操作步骤)。

图 2-19 轴网绘制工具栏

2. 批量修剪轴线

批量修剪轴线分为"拉框修剪轴线"和"折线修剪轴线",单击"批量修剪轴线"命令右侧的倒三角按钮,在其下拉列表框中可以进行选择。

3. 恢复轴线

要将被修剪过的轴线还原为初始状态,可以单击工具栏中的"恢复轴线"按钮,然后选择需要恢复的轴线即可。

4. 修改轴号

如果需要修改轴号的名称,可以利用此功能进行修改。单击工具栏中的"修改轴号"按钮,选择对应的轴线重新输入轴号。

5. 修改轴距

可以利用此功能快速修改轴线距离。

6. 修改轴号位置

单击工具栏中的"修改轴号位置"按钮,选择对应轴线(可以多选),选择完毕后单击鼠标右键确认,系统会弹出"修改标注位置"对话框。系统共提供 5 项选择,选择后单击"确定"按钮即可,如图 2-20 所示。

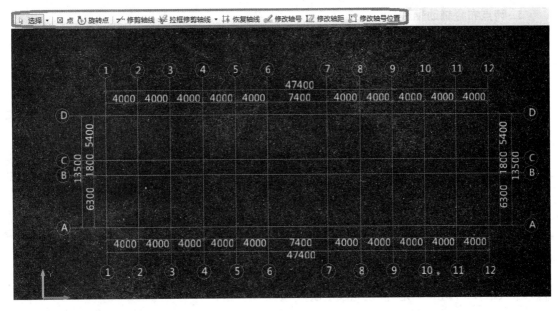

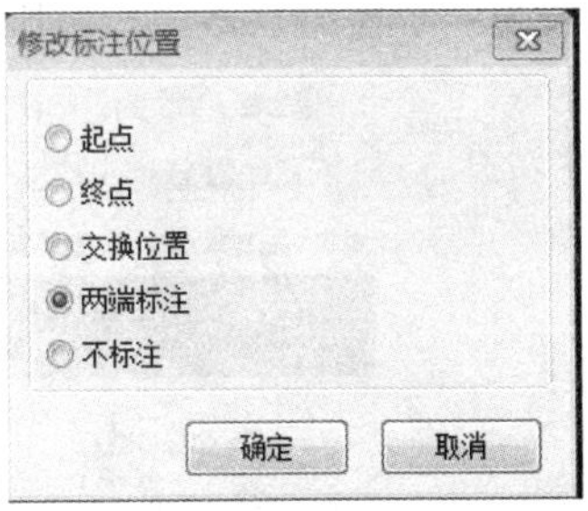

图 2-20 "修改标注位置"对话框

2.4.4 辅助轴线

常用的辅助轴线布置的方法有以下 4 种,如图 2-21 所示。

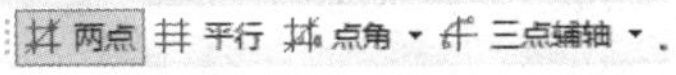

图 2-21 "辅助轴线"工具栏

1. 两点布置辅助轴线

单击工具栏中的"两点"按钮，然后找到轴网上的两个交点，在弹出的"请输入"对话框中输入轴号，单击"确定"按钮完成绘制。

2. 平行布置辅助轴线

单击工具栏中的"平行"按钮，选择基准轴线，然后输入偏移距离（平行于水平方向向上为正，向下为负；平行于垂直方向向右为正，向左为负），在弹出的"请输入"对话框中输入轴号，单击"确定"按钮完成绘制。

3. 点角布置辅助轴线

单击工具栏中的"点角"按钮，单击鼠标指定基准点，在弹出的"请输入"对话框中输入角度和轴号，单击"确定"按钮完成绘制。

4. 三点画弧布置辅助轴线

单击工具栏中的"三点辅轴"按钮，单击鼠标指定三个基准点，在弹出的"请输入"对话框中输入轴号，单击"确定"按钮完成绘制。

任务 2.5　图面控制

1. 滚轮操作

（1）放大操作：向前推动鼠标滚轮可以放大图形。

（2）缩小操作：向后推动鼠标滚轮可以缩小图形。

（3）显示全图：快速双击鼠标滚轮可以显示全图。

（4）移动图形：按住鼠标滚轮可以移动图形。

2. 非滚轮操作（图 2-22）

（1）放大操作。

方法一：在工具栏的"缩放"下拉列表中选择"窗口"选项，然后在绘图区域按住鼠标左键拉出一个窗口，该窗口范围内的图形就可以放大。

图 2-22　非滚轮操作工具栏

方法二：在工具栏的"缩放"下拉列表中选择"放大"选项，可以将显示区域的图形放大。

（2）缩小操作。在工具栏的"缩放"下拉列表中选择"缩小"选项，可以将显示区域的图形缩小。

(3)实时放大或缩小。在工具栏的"缩放"下拉列表中选择"实时"选项,在绘图区域按住鼠标左键上、下拖动鼠标,可以对图形进行放大或缩小,达到想要的大小后,单击鼠标右键结束放大或缩小状态。

(4)显示全图。单击工具栏中的"全屏"按钮来显示全图。

(5)移动图形。单击工具栏中的"平移"按钮,在绘图区域按住鼠标左键拖动鼠标来移动图形。

任务 2.6 柱

轴网定义和绘制完成后,开始绘制主体结构的构件图元,每个构件的绘制过程,都按照先定义构件再绘制图元的顺序进行,也就是绘图"三部曲":新建→定义→绘图。

2.6.1 框架柱的定义

分析图纸:查看图纸"结施-10"(附图 21)中的柱表来定义框架柱。

轴网绘制完成后,系统默认定位在首层,按照结构的不同部位划分,一般先绘制首层,先进行首层框架柱的定义。

(1)在"绘图输入"界面的树状构件列表中选择"柱"选项,在其子菜单中选择"框柱"选项,再在工具栏中单击"定义"按钮,如图 2-23 所示。

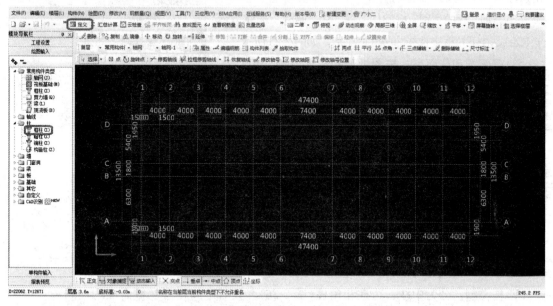

图 2-23 "绘图输入"界面

(2)进入框架柱的定义界面后,按照图纸,首先新建 KZ-1。单击"新建"按钮,选择"新建矩形柱"命令,新建 KZ-1,在 KZ-1 的"属性编辑"对话框中输入柱的属性信息。柱的属性主要包括柱类别、截面信息、钢筋信息及柱类型等,这些决定柱钢筋的计算结果,需要按实际情况进行输入，如图 2-24 所示。

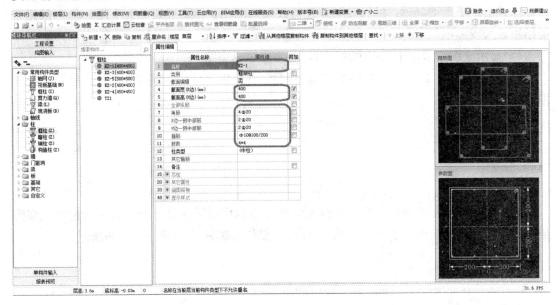

图 2-24 定义柱构件界面

(3) 属性编辑。

1) 名称：系统默认按 KZ-1、KZ-2 的顺序生成，用户可根据实际情况，手动修改名称。此处按默认名称 KZ-1 即可。

2) 类别：柱的类别有框架柱、框支柱、暗柱、端柱。对于 KZ-1，在下拉框中选择"框架柱"类别，如图 2-25 所示。

3) 截面宽和截面高：按图纸分别输入"400""400"。

4) 全部纵筋：输入柱的全部纵筋，该项在"角筋""B 边一侧中部筋""H 边一侧中部筋"均为空时才允许输入，不允许和这三项同时输入。

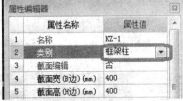

图 2-25 选择柱类别

①角筋：输入柱的角筋，按照柱表，KZ-1 此处输入"4Φ20"。

②B 边一侧中部筋：输入 B 边一侧中部筋，按照图纸，KZ-1 此处输入"2Φ20"。

③H 边一侧中部筋：输入 H 边一侧中部筋，按照图纸，KZ-1 此处输入"2Φ20"。

④箍筋：输入柱的箍筋信息，按照柱表，KZ-1 此处输入"Φ10@100/200"（"@"可用减号"—"代替）。

⑤肢数：输入柱的箍筋肢数，按照柱表，KZ-1 此处输入"4*4"。

5) 柱类型：分为中柱、边柱和角柱（图 2-26），其对中间楼层变截面柱的锚固和弯折以及顶层柱的顶部锚固和弯折有影响。在进行柱定义时，不用进行修改，在系统中可以使用"自动判别边角柱"功能来判断柱的类型。

图 2-26 选择柱类型

6)其它箍筋：如果柱中有和参数图中不同的箍筋或者拉筋，可以在"其它箍筋"栏中输入新建箍筋，输入参数和钢筋信息来计算钢筋工程量。本构件没有，不输入。

7)附加："附加"列在每个构件属性的后面显示可以选择的方框，被勾选的项将被附加到构件名称后面，以方便查找和使用。例如，勾选KZ-1的截面高和截面宽，KZ-1的名称就显示为"KZ-1[400*400]"。

KZ-1的属性输入完毕后，构件的定义完成，即可进行图元绘制。

2.6.2 矩形柱的绘制

框架柱KZ-1定义完毕后，单击"绘图"按钮，切换到绘图界面。

定义和绘制之间的切换有以下几种方法：

(1)单击"定义"→"绘图"按钮切换；

(2)在"构件列表区"双击鼠标，从定义界面切换到绘图界面；

(3)双击左侧树状构件列表中的构件名称，如"柱"，进行切换。

切换到绘图界面后，系统默认的是"点"画法。按照图纸"结施-08"（附图19）中柱的位置，用"点"画线绘制KZ-1。单击鼠标选择①和Ⓐ轴交点，绘制KZ-1；"点"画法是柱子最常用的绘制方法，采用同样的方法绘制其他名称为KZ-1的柱。

除了以"点"画法绘制柱外，系统还提供了"旋转点""智能布置"绘制方式，下面根据图纸"结施-08"（附图19）介绍柱的"智能布置"绘制方式，系统软件中柱提供了9种"智能布置"方式，分别是按轴线、按墙、按梁、按独基、按桩承台、按桩、按门窗洞口、按柱帽、按桩墩。

图纸"结施-08"可以使用"智能布置"方式绘制柱，下面以KZ-2为例进行介绍。KZ-2分布在⑤轴和Ⓓ轴的交界上，选择"智能布置"→"轴线"命令，单击鼠标绘制矩形框柱，选择KZ-2所在的位置即可，如图2-27所示。

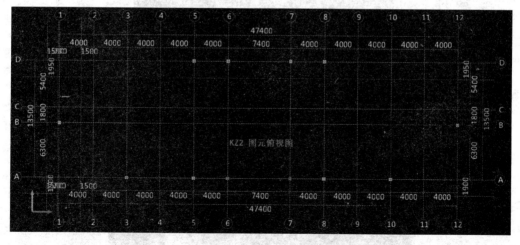

图2-27 KZ-2柱图元俯视图

2.6.3 偏心柱

柱构件绘制完毕之后，还应根据图纸"结施-06"对每个柱的位置在系统中进行调整，如

图 2-28 所示。

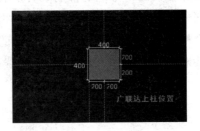

图 2-28　KZ-1 柱图元位置

系统中偏心柱的查改，可使用"查改标注"和"批量查改标注"两种方法，如图 2-29 和图 2-30 所示。

图 2-29　查改标注

图 2-30　批量查改标注

单击"查改标注"按钮，在绘图区域中系统会显示出每个柱图元位置的标注尺寸，此时根据图纸"结施-08"中每个柱的位置，在系统中修改显示出来的绿色标注即可，如图 2-31 和图 2-32 所示。

图 2-31　KZ-2 查改标注位置前

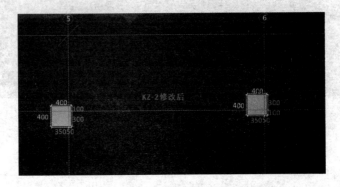

图 2-32　KZ-2 查改标注位置后

2.6.4 小结与延伸

(1)框架柱的绘制主要使用"点"画法,或者使用"智能布置"方式。上面讲到柱偏心的修改方法有"查改标注"和"批量查改标注"。除此之外,还可以使用以下方法绘制和修改偏心柱。

1)使用"点"画法绘制柱图元时,先按住键盘上的 Ctrl 键,再单击鼠标,把柱构件绘制到所在的位置上,这时系统会自动跳转到"查改标注"状态。

2)使用柱"属性编辑器"中的"参数图"进行偏心设置,再绘制到图上,如图 2-33 所示。

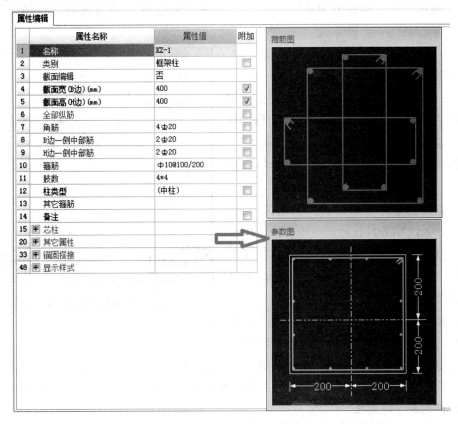

图 2-33 进行偏心设置

(2)"构件列表"功能:绘图时如果有多个构件,可以在"构件"工具栏上选择构件,如图 2-34 所示。

图 2-34 "构件"工具栏

也可以选择"视图"菜单下的"构件列表"命令或者在工具条中单击"构件列表"按钮来显示所有的构件,以方便绘图时选择使用。

(3)"镜像"功能:本层一部分结构是对称的,可以使用"镜像"功能对称构件进行复制,这样可以成倍提高工作效率,具体操作步骤如下:

第一步 在菜单栏中选择"修改"→"镜像"命令,或直接在工具栏中单击"镜像"按钮。

第二步 用鼠标点选或拉框选择所需要进行镜像的图元,单击鼠标右键确认选择。

第三步 移动鼠标,单击鼠标指定镜像线(即对称轴)的第一点和第二点。

第四步 当单击确定镜像线的第二个点后,系统会弹出"是否删除原图元"的确认提示框,根据工程实际需要单击"是"或"否"按钮,所选图元将会按基准线镜像到目标位置。

(4)如果需要修改已绘制的图元的名称,可以采用以下两种方法。

1)"修改构件图元名称"功能:如果需要把一个构件的名称替换为另一个构件的名称,如把"KZ-2"修改为"KZ-1",可以使用"构件"工具栏中的"修改构件图元名称"命令,具体操作如下:

第一步 选中需要修改名称的构件图元,可以多选,如选"KZ-1"。

第二步 执行"构件"→"修改构件图元名称"命令,系统弹出"修改构件图元名称"对话框,如图2-35所示。

图2-35 "修改构件图元名称"对话框

第三步 在"选中构件"区选择"KZ-1",然后在"目标构件"区选择要替换的构件,如"KZ-2"。

第四步 单击"确定"按钮,则所选择"KZ-1"已被修改为"KZ-2"。

说明:勾选"保留私有属性"选项,则在修改构件图元名称时,对于所选中的构件图元,将保留原图元本身的属性。

2)选中图元,打开图元属性框,在弹出的"属性编辑器"对话框中显示图元的属性,在下拉名称列表中选择需要的名称。

(5)"构件图元名称显示"功能:柱构件绘制到图上后,如果需要在图中显示图元的名称,可以在"视图"菜单中选择"构件图元显示设置"命令,在弹出的对话框中勾选需在图上显示名称的图元,具体操作步骤如下:

第一步 执行"视图"→"构件图元显示设置"命令,系统弹出"构件图元显示设置"对话框,如图2-36所示。

第二步 在"构件图元显示设置"对话框中单击构件类型前面的复选框,通过打上或去掉"√",可以控制当前图层中是否显示该构件及其名称,单击"确定"按钮完成操作。

说明:在绘图输入过程中,按键盘快捷键可以快速隐藏/显示构件或构件的名称,每一个构件都默认了一个快捷键,例如,梁图元显示的快捷键为L键(按"Shift+构件代号"组合键可显示构件名称)。

图 2-36 "构件图元显示设置"对话框

(6)"动态观察"功能：

第一步 执行"视图"→"动态观察"命令或者单击工具栏中的"动态观察"按钮，如图 2-37 所示。

图 2-37 "动态观察"按钮

第二步 在绘图区域拖动鼠标，绘图区域的构件图元会随着鼠标的移动而进行旋转，如图 2-38 所示。

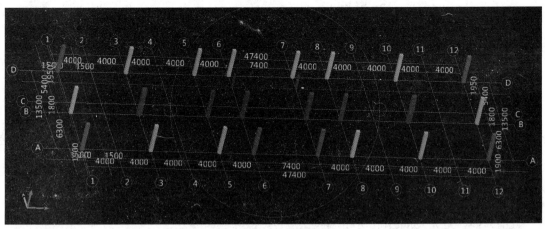

图 2-38 柱图元三维效果

任务 2.7 梁

分析图纸"结施-11"(附图 22),图中的梁按类别分为楼层框架梁和非框架梁,其中代号为 KL 的梁属于框架梁,代号为 L 的梁属于非框架梁。

下面先介绍梁的定义,再逐个介绍不同种类梁的绘制和原位标注的钢筋信息输入方法。

2.7.1 楼层框架梁的定义

下面以 KL-1 为例讲解楼层框架梁的定义。

在系统界面左侧的树状构件列表中选择"梁"构件组下的"梁"构件进入梁的定义界面,新建矩形梁 KL-1。根据图纸中 KL-1(7)的集中标注,在"属性编辑器"中输入各项属性值,如图 2-39 所示。

	属性名称	属性值	附加
1	名称	KL-1	
2	类别	楼层框架梁	
3	截面宽度(mm)	300	
4	截面高度(mm)	600	
5	轴线距梁左边线距离(mm)	(150)	
6	跨数量	7	
7	箍筋	Φ8@100/200(2)	
8	肢数	2	
9	上部通长筋	2Φ22	
10	下部通长筋		
11	侧面构造或受扭筋(总配筋值)	N2Φ14	
12	拉筋	(Φ6)	
13	其它箍筋		
14	备注		

图 2-39 定义梁构件

(1)名称:按照图纸输入 KL-1(7)。

(2)类别:梁的类别下拉列表框中有 6 类,按实际情况选择,此处选择"楼层框架梁"。

(3)截面尺寸:KL-1 梁的截面尺寸为 300×600,在"截面宽度"和"截面高度"栏分别输入"300"和"600"。

(4)轴线距梁左边线的距离:可按系统的默认值"(150)"。

(5)跨数量:输入名称 KL-1(7)后,跨数量自动取 7 跨。

(6)箍筋:输入"Φ8@100/200(2)"。

(7)箍筋肢数:系统自动取箍筋信息中的肢数,若箍筋信息中不输入"(2)",用户可以在此手动输入"2"。

(8)上部通长筋:按照图纸输入"2Φ22"。

(9)下部通长筋:图纸中没有标注下部通长筋,此处可以不输入。

(10)侧面构造或受扭筋(总配筋值):格式为"G 或 N+数量+级别+直径"或"G 或 N+级别+直径+@间距",本例中此处输入"N2Φ14"。

(11)拉筋:按照计算设置中设定的拉筋信息自动生成,没有侧面钢筋时,系统不计算拉筋。系统默认的是规范规定的拉筋信息,在框架梁的"计算设置"模块第 35 项可查看,如图 2-40 所示。

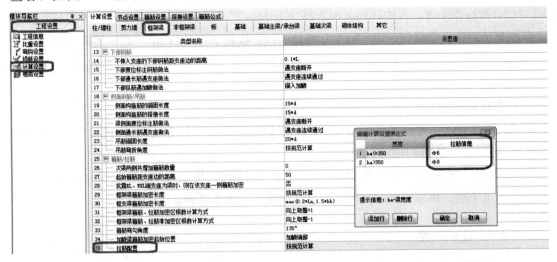

图 2-40 "计算设置"模块中的梁拉筋信息输入界面

2.7.2 屋面框架梁和非框架梁

对于屋面框架梁和非框架梁,在"属性编辑器"中的"类别"栏中选择相应的类别,其他属性与框架梁的输入方式一致。

图纸"结施-12"(附图 23)中代号为 WKL 的梁属于屋面框架梁,代号为 L 的梁属于非框架梁,选择相应的类别,并按前述介绍的框架梁的定义进行属性值的输入。

2.7.3 梁的绘制

梁为线状图元,直线型的梁采用"直线"画法比较简单。

1. 轴线上梁的绘制

下面以 KL-1 为例讲解直线型线状构件的绘制。KL-1 位于Ⓐ轴中心线上,两端点分别位于①轴交Ⓐ轴处和⑫轴交Ⓐ轴处。绘制梁时单击工具栏上的"直线"按钮,再单击①轴交Ⓐ轴处、⑫轴交Ⓐ轴处,KL-1 绘制完成后单击鼠标右键退出绘图状态。在绘图的过程中先单击①轴交Ⓐ轴处和先单击⑫轴交Ⓐ轴处,所绘制出的位置有可能不一样(绘制线状图元时,绘制的第一个点称为"起点",第二个点称为"终点")。梁图元绘制好后再使用"对齐"功能能使梁一侧与柱平齐即可。

"对齐"功能的操作步骤如下:

第一步 在菜单栏中选择"修改"→"对齐"→"单对齐"命令或者在工具栏中单击"对齐"→"单对齐"按钮。

第二步　在绘图区域选择需要对齐的目标线，单击位于Ⓐ轴上的柱平行于Ⓐ轴的一边。

第三步　在绘图区域选择需要对齐的图元的边线，即单击梁与柱对齐的一边，完成操作。

2. 悬挑梁的绘制

在图纸"结施-11"（附图22）中，位于⑥轴、⑦轴上的梁 KL-7(2a)属于悬挑梁。绘制 KL-7(2a)的操作步骤：在构件列表中选择"KL-7(2a)"，在工具栏中单击"直线"按钮。单击鼠标捕捉梁的第一个端点，即⑥轴交Ⓓ轴处的点，按住 Shift 键，单击鼠标捕捉⑥轴交Ⓐ轴处的点，在弹出的"输入偏移量"对话框中输入"x＝0，y＝－1 900"，单击"确定"按钮，构件绘制完毕。

3. 弧形梁的绘制

系统对弧形梁的绘制提供了多种方法，下面介绍其中一种方法"三点画弧"，其他功能画法请参考"文字帮助"中的相应内容。

"三点画弧"的操作步骤：在工具栏中单击"三点画弧"按钮，在绘图区域单击不在同一直线上的三个点，作为弧线的起点、中间点和终点，完成绘制。

2.7.4　提取梁跨

梁绘制完毕后，图上显示为粉色，表示还没有进行梁跨的提取和原位标注的输入。由于梁是以柱和墙为支座的，提取梁跨和输入原位标注之前，需要绘制好所有支座。

（1）对于没有原位标注的梁，可以通过提取梁跨把梁的颜色变为绿色。

在 GGJ2013 软件中，可以通过三种方式提取梁跨。第一种方式是使用"原位标注"功能，第二种方式是使用"跨设置"中的"重提梁跨"功能，第三种方式是使用"批量识别梁支座"功能，如图 2-41 所示。

图 2-41　梁绘图命令工具栏

"重提梁跨"功能的操作步骤：在菜单栏中执行"绘图"→"重提梁跨"命令或在工具栏中单击"重提梁跨"按钮，在绘图区域选择梁图元，完成操作。

"批量识别梁支座"功能的操作步骤：

第一步　在菜单栏中执行"绘图"→"批量识别梁支座"命令或在工具栏中单击"批量识别梁支座"按钮，在绘图区域选择梁，可以拉框选择多个图元。

第二步　单击鼠标右键结束选择，系统弹出提示对话框，单击"确定"按钮完成操作。

（2）有原位标注的梁，可以通过输入原位标注把梁的颜色变为绿色。

系统中用粉色和绿色对梁进行区别，目的是提醒用户哪些梁已经进行了原位标注的输入，以便于检查，防止出现忘记输入原位标注、影响计算结果的情况。

2.7.5　原位标注

梁绘制完毕后，需要进行原位标注的输入。梁的原位标注主要有支座筋、跨中筋、下部钢筋、架立筋、侧面原位筋、次梁加筋、吊筋。另外，变截面也需要在原位标注中输入。下面以Ⓐ轴的 KL-1、KL-7(图纸"结施-08")为例，介绍梁的原位标注的输入。

1. 梁集中标注信息的输入或修改

(1)在梁"原位标注"输入状态下单击鼠标，集中标注文本。

(2)在梁平法表格中修改"上通长筋"和"下通长筋"，如图 2-42 所示。

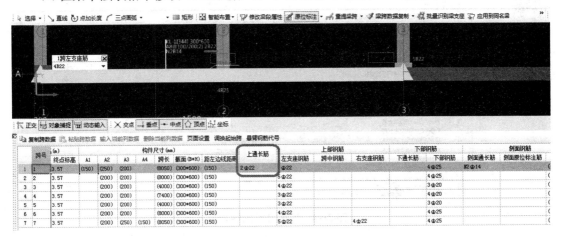

图 2-42 梁平法表格输入窗口

2. 支座筋、跨中筋的输入

在 KL-1 的原位标注第二跨左支座标注"5Φ22"，属于支座筋，在第一跨中部标注"4Φ25"，属于跨中筋，如图 2-43 所示。

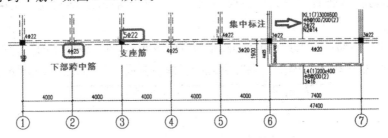

图 2-43 梁的原位标注分析

在"原位标注"输入状态下直接根据相应的位置输入即可，"4Φ22♯2/2"在输入时是先输入"4Φ22"，然后单击空格键再输入"2/2"；在输入过程中"原位标注"和"梁平法表格"是处于联动状态的，可在两位置任选其一输入。

3. 下部钢筋、侧面原位筋的输入

在 KL-7(2a)第二跨(即Ⓑ～Ⓓ轴)下部位置标注了下部钢筋"4Φ25"、跨内箍筋"Φ10@100(2)"；输入原位标注时单击本跨下部钢筋位置上的缩放符号填写即可。

4. 次梁加筋、吊筋的输入

在系统中可以在"工程设置"→"计算设置"→"框架梁"→第 26 项位置输入次梁加筋信息，系统会自动识别主、次梁的位置并在相应的主梁上计算输入的次梁加筋，如

图 2-44 所示。

图 2-44 次梁加筋的输入

以上是次梁加筋输入的一种方法，下面结合图纸"结施-11"（附图 22），介绍两种次梁加筋和吊筋在绘图区域中的输入方法。分析实例图纸中存在的次梁加筋，图纸左下角标示"主、次梁相交处附加吊筋为 2Φ18"，参见结构设计总说明。

（1）在梁平法表格中输入次梁加筋和吊筋：在工具栏中单击"梁平法表格"按钮，选择需要设置次梁加筋和吊筋的梁图元，在梁平法表格中依次输入次梁宽度、次梁加筋、吊筋即可。

（2）自动生成吊筋：在工具栏中单击"自动生成吊筋"按钮，在弹出的"自动布置吊筋"对话框中的"吊筋"框中输入"2B18"，在"次梁加筋"框中输入"6"，如图 2-45 所示。

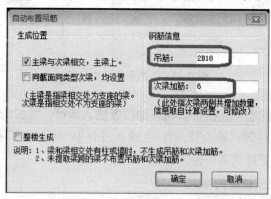

图 2-45 "自动布置吊筋"对话框

输入完毕后，拉框选择需要生成吊筋和次梁加筋的梁图元，单击"确定"按钮即可生成，如图 2-46 所示。

图 2-46 吊筋示意图

2.7.6 查看计算结果

前面的部分没有涉及构件图元钢筋计算结果的查看，主要是因为对于竖向的构件，在上、下层没有绘制构件时，无法正确计算搭接和锚固。对于梁这类水平构件，本层相关图元绘制完毕，就可以正确计算钢筋量，进行计算结果的查看。

首先，选择“钢筋量”菜单下的“汇总计算”命令，或者在工具条中单击“汇总计算”按钮，系统弹出“汇总计算”对话框，如图 2-47 所示，选择要计算的楼层，进行钢筋量的计算，然后就可以选择计算过的构件查看结果。

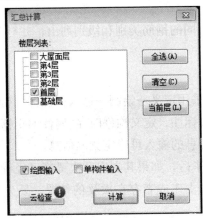

图 2-47 “汇总计算”对话框

(1)通过“编辑钢筋”功能查看每根钢筋的信详细信息，选择“钢筋量”菜单下的“编辑钢筋”命令，或者在工具栏中单击“编辑钢筋”按钮，选择要查看的构件图元，下面以 KL-1 为例：

钢筋显示顺序为按跨逐个显示。如图 2-48 所示，“筋号”说明是哪根钢筋；“图号”是系统对每种钢筋的形状的标号；“计算公式”和“公式描述”对每根钢筋的计算过程进行了描述，方便查看和对量；“搭接”是指单根钢筋超过定尺长度之后所需要搭接长度和接头个数。

	筋号	直径	级别	图	图形	计算公式	公式描述	长度(mm)	根数	搭接	损耗(%)	单重(kg)	总重(kg)	钢筋归	搭接形式	钢筋类型
1*	1跨.上通长筋1	22	Φ	64	330 47760 330	400-20+15*d+47000+400-20+15*d	支座宽-保护层+弯折+净长+支座宽-保护层+弯折	48420	2	4	0	144.292	288.583	直筋	直螺纹连接	普通钢筋
2	1跨.左支座筋1	22	Φ	18	330 2913	400-20+15*d+7600/3	支座宽-保护层+弯折+搭接	3243	2	0	0	9.664	19.328	直筋	直螺纹连接	普通钢筋
3	1跨.右支座筋1	22	Φ	1	5466	7600/3+400+7600/3	搭接+支座宽+搭接	5466	3	0	0	16.289	48.866	直筋	直螺纹连接	普通钢筋
4	1跨.侧面受扭通长	14	Φ	64	210 47760 210	400-20+15*d+47000+400-20+15*d	支座宽-保护层+弯折+净长+支座宽-保护层+弯折	48180	2	2464	0	61.279	122.558	直筋	绑扎	普通钢筋
5	1跨.下部钢筋1	25	Φ	18	375 8755	400-20+15*d+7600+31*d	支座宽-保护层+弯折+净长+直锚	9130	4	1	0	35.151	140.602	直筋	套管挤压	普通钢筋
6	2跨.右支座筋1	22	Φ	1	5466	7600/3+400+7600/3	搭接+支座宽+搭接	5466	1	0	0	16.289	16.289	直筋	直螺纹连接	普通钢筋
7	2跨.右支座筋2	22	Φ	1	9266	7600/3+400+3600+400+7000/3	搭接+支座宽+净长+支座宽+搭接	9266	1	0	0	27.613	27.613	直筋	直螺纹连接	普通钢筋
8	2跨.下部钢筋1	25	Φ	1	9150	31*d+7600+31*d	直锚+净长+直锚	9150	4	1	0	35.228	140.91	直筋	套管挤压	普通钢筋
9	3跨.下部钢筋1	20	Φ	1	4840	31*d+3600+31*d	直锚+净长+直锚	4840	3	0	0	11.955	35.864	直筋	直螺纹连接	普通钢筋

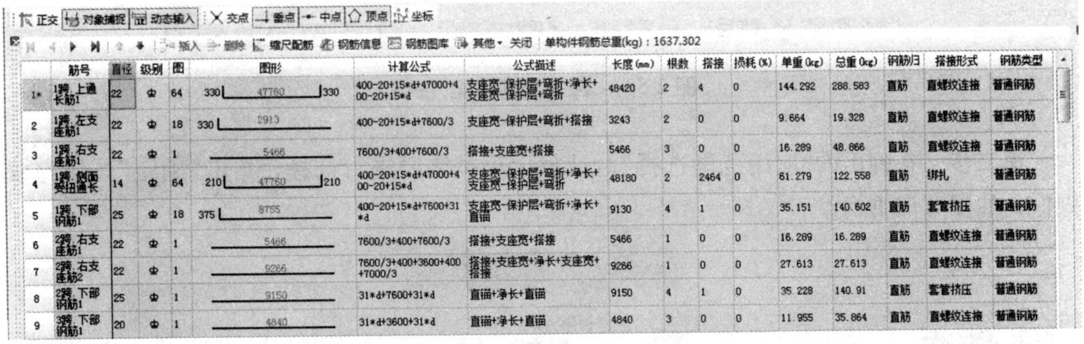

图 2-48 编辑钢筋显示窗口

“编辑钢筋”列表还可以进行编辑，可以根据需要对钢筋的信息进行修改，然后锁定该构件。

(2)通过“查看钢筋量”功能查看计算结果。在菜单栏中选择“钢筋量”→“查看钢筋量”命令，或在工具栏中单击"查看钢筋量"按钮，拉框选择或者点选需要查看的图元，可以一次性显示多个图元的计算结果，如图 2-49 所示。

构件名称	钢筋总重量(Kg)	HPB300				HRB335							
		6	8	10	合计	12	14	16	18	20	22	25	合计
1 KL-1[344]	1637.302	13.397	229.143	0	242.54	0	122.558	0	43.264	153.14	512.775	563.024	1394.761
2 KL-5[352]	658.448	5.742	0	141.226	146.968	24.225	0	0	11.948	70.642	0	404.666	511.48
3 L-2[369]	145.161	1.801	19.959	0	21.761	11.384	0	33.607	0	0	78.41	0	123.401
4 KL-4[350]	438.357	3.828	65.057	0	68.884	25.525	0	0	10.816	71.136	261.996	0	369.472
5 合计	2879.268	24.768	314.159	141.226	480.153	61.133	122.558	33.607	66.028	294.918	853.18	967.69	2399.114

钢筋总重量(Kg)：2879.268

图 2-49 梁钢筋量显示窗口

图中显示的钢筋量，按不同的钢筋类别和级别列出，并对多个图元的钢筋量进行合计。

2.7.7 小结与延伸

(1) 梁模型的建立，一般采用定义→绘制→输入原位标注(提取梁跨)的顺序进行。梁的标注信息包括集中标注和原位标注。定义构件时在"属性编辑器"中输入梁的集中标注信息；绘制完毕后，通过原位标注信息的输入可确定梁的信息。

(2) 一般来说，梁绘制完毕后，如果其支座和次梁都已经确定，就可以直接进行原位标注的输入；如果有以其他梁为支座或者存在次梁的情况，要先绘制相关的梁，再进行原位标注的输入。

(3) 梁的原位标注和梁平法表格的区别：选择原位标注可以在绘图区域梁图元的位置输入原位标注钢筋信息，也可以在梁平法表格中输入原位标注钢筋信息；选择梁平法表格时，只显示下方的表格，不显示绘图区域的输入框。

(4) 应用到同名梁：如果本层存在同名称的梁，原位标注信息完全一致，就可以采用"应用到同名梁"功能快速实现梁原位标注的输入，具体操作步骤如下：

第一步 在菜单栏中执行"绘图"→"应用到同名梁"命令或者在工具栏中单击"应用到同名梁"按钮，在绘图区域选择梁图元，如图 2-50 所示。

图 2-50 "应用到同名梁"按钮

第二步 在弹出的"应用范围选择"对话框中根据需要进行选择，单击"确定"按钮完成操作，如图 2-51 所示。

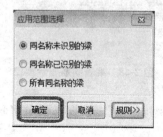

图 2-51 "应用范围选择"对话框

(5)梁跨数据复制是指把某一跨的原位标注复制到另外的跨。可以跨图元进行复制的内容主要是钢筋信息，具体操作步骤如下：

第一步　在菜单中栏执行"绘图"→"梁跨数据复制"命令或者在工具栏中单击"梁跨数据复制"按钮，在绘图区域选择需要复制的梁跨，单击鼠标右键结束选择。

第二步　在绘图区域选择目标梁跨，选中的梁跨显示为黄色，单击鼠标右键完成操作。

(6)原位标注复制：把某位置的原位标注信息复制到其他位置，输入格式相同的位置之间可以进行复制。

(7)梁的绘制顺序：可以采用先横向再纵向，先框架梁再次梁的绘制顺序，以免出现遗漏。

(8)捕捉点的设置：绘图时，无论是"点"画法、"直线"画法，还是其他绘制方式，都需要捕捉绘图区的点来确定点的位置和线的端点；系统提供了多种类型点的捕捉，可以通过"工具"菜单栏的"自动捕捉设置"命令设定要捕捉的点，绘图时可以在"捕捉点设置"区中直接选择需要捕捉的点类型，以方便在绘制图元时选取点，如图2-52所示。

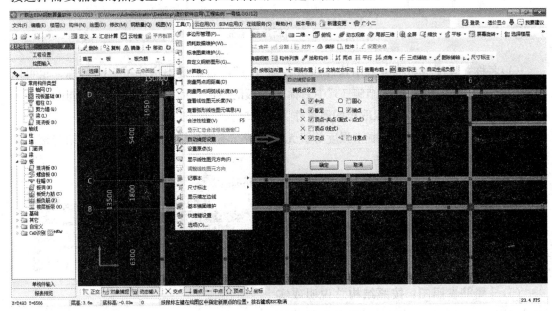

图2-52　"工具"菜单栏→"自动捕捉设置"命令

任务2.8　板

板构件的建模和钢筋的计算包括板的定义和绘制与钢筋的布置，其中钢筋包括受力筋和负弯矩筋。根据图纸"结施-13"(附图24)中"3.57 m板平法施工图"定义和绘制板的钢筋。

2.8.1　现浇板的定义

分析图纸"结施-13"，本层板共划分有两种不同厚度，分别是100 mm、120 mm。下面以①～②轴和Ⓐ～Ⓑ轴之间的100 mm板来讲解板构件定义。

在系统定义板构件界面新建现浇板，如图 2-53 所示。使用同样的方法定义其他厚度的板。

图 2-53　新建现浇板

(1) 名称：现浇板名称可采用软件默认名称"B-1"，若图纸中标注了板的名称，也可以根据图纸输入。由于在图纸"结施-13"中只标注了板的厚度，而根据工程习惯，同时也为了方便后期工程量的提取，可以取板的厚度作为名称输入，如"B-100"。

(2) 混凝土强度等级：混凝土强度等级无特殊情况不需要输入，此处数值自动与楼层设置中板的混凝土强度等级联动。

(3) 厚度：输入"100"，输入后要把括号去掉。

(4) 顶标高：顶标高根据实际情况输入，图纸"结施-13"中顶标高按默认"层顶标高"即可。

(5) 马凳筋参照图：按照结构总说明或实际工程施工方案输入马凳筋的信息和马凳筋的长度。

(6) 拉筋：根据实际情况输入。

在"属性编辑器"中输入各项属性值，如图 2-54 所示。

图 2-54　板属性编辑示意

2.8.2　现浇板的绘制

在"绘图"工具栏中单击"点"按钮，如图 2-55 所示，在梁和墙围成的封闭区域单击鼠标，就可以轻松布置板图元，如图 2-56 所示。雨篷板的定义和绘制方法与现浇板一致，其他绘图功能参照软件"文字帮助"中的相应内容。

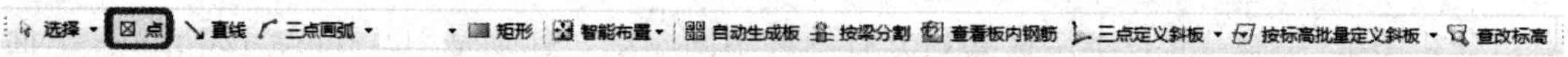

图 2-55　"绘图"工具栏

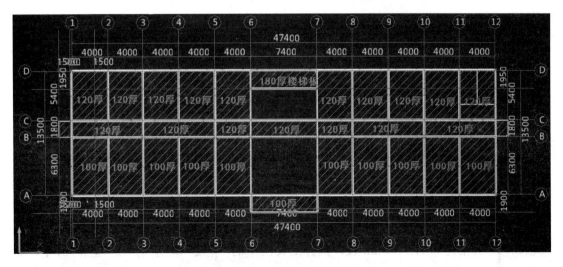

图 2-56　板的绘制示意

2.8.3　板受力筋的定义

下面以图纸“结施-13”和“结施-14”(附图 24 和附图 25)，①～②轴和Ⓐ～Ⓑ轴之间的 100 mm 板的配筋，来讲解板受力筋的定义。

在“新建”菜单中，选择“新建板受力筋”命令，如图 2-57 所示。

(1)名称：图纸“结施-13”中没有定义受力筋的名称，可以根据实际情况输入容易辨认的名称，这里按钢筋信息输入“ф8@150”，如图 2-58 所示。

图 2-57　“新建板受力筋”命令

属性编辑

	属性名称	属性值	附加
1	名称	C8@150	
2	钢筋信息	ф8@150	☐
3	类别	面筋	☐
4	左弯折(mm)	(0)	☐
5	右弯折(mm)	(0)	☐
6	钢筋锚固	(35)	
7	钢筋搭接	(49)	
8	归类名称	(C8@150)	☐
9	汇总信息	板受力筋	☐
10	计算设置	按默认计算设置计算	
11	节点设置	按默认节点设置计算	
12	搭接设置	按默认搭接设置计算	
13	长度调整(mm)		☐
14	备注		☐
15	+ 显示样式		

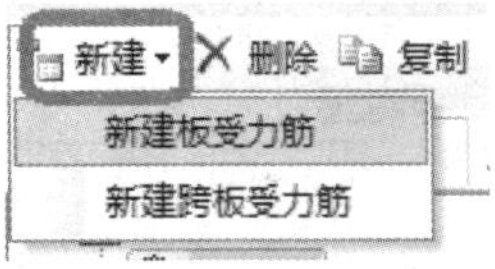

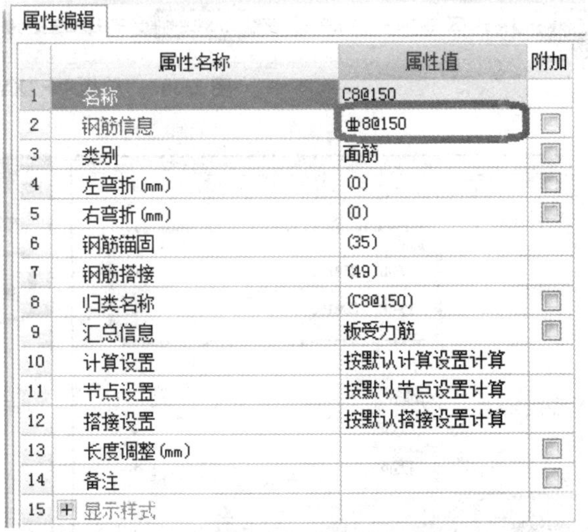

图 2-58　板受力筋属性编辑示意

(2)钢筋信息：按照图中信息输入“ф8@150”。

(3)类别：系统提供了 4 种选择，本构件选择“面筋”即可。

(4)左弯折和右弯折：按照实际情况输入受力筋的端部弯折长度。默认为 0，表示按照计算设置中默认的"板厚－2倍保护层厚度"来计算弯折长度。

（5）钢筋锚固和搭接：在楼层设置中设定的初始值，可以根据实际情况修改。

（6）长度调整：输入正值或者负值，对钢筋长度进行调整，此处不输入。

（7）按照同样的方法定义其他板受力筋。

2.8.4 板受力筋的绘制

系统中提供了多种绘制板受力筋的方法，下面结合图纸"结施-13"，介绍几种绘制板受力筋的方法。

1."单板"＋"水平"或"垂直"命令

在"构件列表"下拉列表中选择需要绘制的板筋，如"C8@150"位于图纸"结施-10"中①～②轴和Ⓐ～Ⓑ轴之间的 100 mm 板，执行工具栏中的"单板"和"水平"或"垂直"命令，如图 2-59 所示，选择需要绘制受力筋的板即可。

图 2-59 "单板"＋"水平"或"垂直"命令

2."单板"＋"XY 方向"命令

图纸"结施-13"中①～②轴和Ⓐ～Ⓑ轴之间的 100 mm 板中配置了水平和垂直钢筋"⸺8@150"。

执行工具栏中的"单板"＋"XY 方向"命令，如图 2-60 所示，选择需要绘制受力筋的板，系统弹出"智能布置"对话框；在底筋位置选择需要绘制的板筋受力即可，如图 2-61 所示。

图 2-60 "单板"＋"XY 方向"命令

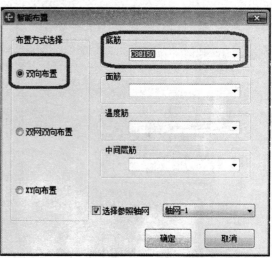

图 2-61 "智能布置"对话框

3. 复制钢筋

在当前板中布置好钢筋后，若其他板中的钢筋与当前板中的钢筋一样，需要将当前板中的钢筋快速布置到其他板中，可以使用"复制钢筋"功能，操作步骤如下：

第一步 在菜单栏中执行"绘图"→"复制钢筋"命令或者单击工具栏中的"复制钢筋"按钮，如图 2-62 所示。在绘图区域选择需要复制的钢筋图元，选中的图元显示为蓝色，单击鼠标右键结束选择。

图 2-62 复制钢筋

第二步 在绘图区域单击板图元，选择复制的目标图元范围。
第三步 单击鼠标右键结束复制，完成操作。

在图纸"结施-13"中，120 mm 板也可以使用该功能。

4. 应用同名称板

图纸"结施-13"中板的配筋，除适用以上介绍的功能外，同时还适用"应用同名称板"功能，根据图纸"结施-13"的附注说明可知，厚 120 mm 的板配筋相同，厚 100 mm 的配筋也相同，因此在布置板筋时，可以分别布置其中的一块板，然后使用"应用同名称板"功能即可，具体操作步骤如下：

第一步 在菜单栏中执行"绘图"→"应用同名称板"命令或者在工具栏中单击"应用同名称板"按钮，在绘图区域选择板图元，选中的图元显示为蓝色。

第二步 单击鼠标右键结束复制，系统弹出提示对话框，单击"确定"按钮完成操作。

5. 自动配筋

实际工程的板配筋图往往会说明：图纸中没有配筋的板，也需要配置一定规格的钢筋。分析图纸"结施-13"，系统中的"自动配筋"功能也适用于该图，如图 2-63 所示。

图 2-63 板厚配筋信息说明

根据附注说明，把板构件绘制完毕之后，可以使用"自动配筋"功能快速布置板筋，如图 2-64 所示。

操作步骤如下：

(1)在板受力筋界面，单击工具栏中的"自动配筋"按钮，如图 2-65 所示。
(2)在弹出的"自动配筋设置"对话框中可以选择所有配筋相同或者同一种板厚配置相同的钢筋，并输入底部或顶部钢筋信息，如图 2-66 所示。

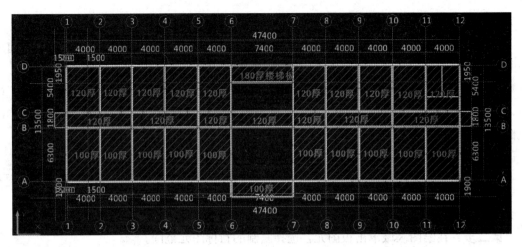

图 2-64 板厚示意

图 2-65 "自动配筋"按钮

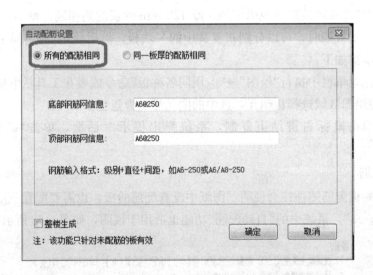

图 2-66 "自动配筋设置"对话框中"所有的配筋相同"选项

(3)根据图纸"结施-13",选择"同一板厚的配筋相同"选项,然后输入相应的板厚和板筋,如图 2-67 所示,单击"确定"按钮,单击鼠标左键框选需要配筋的板,单击鼠标右键即可完成操作。

2.8.5 跨板受力筋的定义

跨板受力筋是位于板面上,板筋长度完全跨过一块或多块板,并且在两端或者一端有标注的钢筋。图纸"结施-13"中跨板受力筋在Ⓑ~Ⓒ轴之间的板上,如图 2-68 所示。

下面以Ⓑ~Ⓒ轴交①~②轴的板上跨板受力筋为例进行讲解,在跨板受力筋定义界面选择"新建跨板受力筋"选项,在"属性编辑器"中输入相应的属性值,如图 2-69 所示。

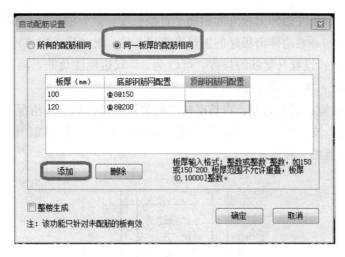

图 2-67 "自动配筋设置"对话框中"所有的配筋相同"选项

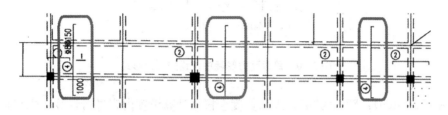

图 2-68 跨板受力筋示意

图 2-69 跨板受力筋属性编辑示意

(1)名称：根据图纸输入构件的名称，该名称在当前楼层的当前构件类型下是唯一的，图纸"结施-13"没有标注板筋的名称，可以以板筋的信息"C8@150"作为名称。

(2)钢筋信息：输入格式为"级别＋直径＋@＋间距"，此处输入"Φ8@150"。

(3)左标注(mm):左边伸出板外的钢筋平直段长度,此处输入"1 000"。

(4)右标注(mm):右边伸出板外的钢筋平直段长度,此处输入"1 000"。

(5)马凳筋排数:设置马凳筋的排数,可以为0。双边标注负筋,两边的马凳筋排数不一致,使用"/"隔开,本工程默认值为1/1。

(6)标注长度位置:受力筋左、右长度标注的位置可以根据实际情况进行选择,如支座内边线、支座轴线、支座中心线、支座外边线。此处选择支座外边线。图 2-70 所示为跨板受力筋长度标注位置的几种形式。

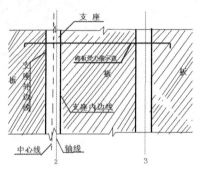

图 2-70 跨板受力筋标注位置的几种形式

(7)左弯折(mm):默认为"0",表示长度会根据计算设置内容进行计算,也可以输入具体的数值。

(8)右弯折(mm):默认为"0",表示长度会根据计算设置内容进行计算,也可以输入具体的数值。

(9)分布钢筋:取"计算设置"模块中的"分布筋配置"数据,也可自行输入。本工程此处可以不输入,统一在"计算设置"模块中输入即可,如图 2-71 所示。

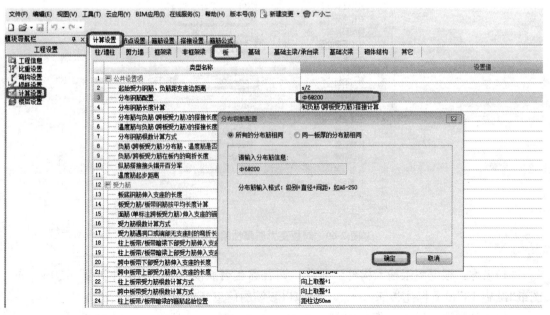

图 2-71 "计算设置"模块的板设置界面

(10)钢筋锚固：系统自动读取楼层设置中锚固设置的具体数值，当前构件如果有特殊要求，则可以根据具体情况修改。

(11)钢筋搭接：要求同钢筋锚固。

(12)归类名称：说明该钢筋量需要归类到哪个构件下，直接输入构件名称即可，系统默认为当前构件的名称。

(13)汇总信息：默认为构件的类别名称。预览时部分报表可以该信息进行钢筋的分类汇总。

(14)计算设置：对钢筋计算规则进行修改，当前构件会自动读取工程设置中的计算设置信息，如果当前构件的计算方法需要特殊处理，则可以针对当前构件进行设置，具体操作方法请参阅"计算设置"。

(15)节点设置：对于钢筋的节点构造进行修改，具体操作方法请参阅"节点设置"。当前构件的节点会自动读取节点设置中的节点，如果当前构件需要特殊处理，可以单独进行调整。

(16)搭接设置：系统自动读取楼层设置中的搭接设置的具体数值，当前构件如果有特殊需要，可以根据具体情况修改。

(17)长度调整：钢筋伸出和缩回板的长度，单位为 mm。当受力筋的计算结果需要特殊处理时，可以通过这个属性来操作。

(18)备注：该属性值仅仅是个标识，对计算不起任何作用。

2.8.6　跨板受力筋的绘制

跨板受力筋的绘制方式与板受力筋相同，详细操作方法请参考 2.8.4 节"板受力筋的绘制"的相关内容。

2.8.7　板负筋的定义

板负筋以标注形式划分可以分为单边标注负筋和双边标注负筋两种。下面以图纸"结施-13"(附图 24)中板配筋图，①～②轴交©～⑩轴之间的板负筋(图 2-72)为例，讲解单边标注负筋和双边标注负筋在系统中的定义方法。

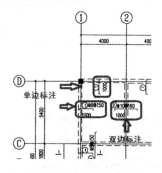

图 2-72　板负筋类型分析

1. 单边标注负筋的定义

(1)名称：根据图纸输入构件的名称，该名称在当前楼层的当前构件类型下是唯一的，图纸“结施-13”中没有标注板筋的名称，因而此处可以以板筋的信息“C8@150”作为名称。

(2)钢筋信息：输入格式为“级别+直径+@+间距”，此处输入“⏀8@150”。

(3)左标注(mm)：此处输入“0”。

(4)右标注(mm)：此处输入“1 000”。

(5)马凳筋排数：设置马凳筋的排数，可以为 0。对于单边标注负筋，两边的马凳筋排数不一致时，用“/”隔开，本工程默认值为 1/1。

(6)单边标注位置：受力筋左、右长度标注的位置可以根据实际情况进行选择，如支座内边线、支座轴线、支座中心线、支座外边线。此处，选择支座内边线。

负筋定义完成，如图 2-73 所示。其他选项可参考“文字帮助”中的相关内容。

属性编辑

	属性名称	属性值	附加
1	名称	C8@150	
2	钢筋信息	⏀8@150	☐
3	左标注(mm)	0	☐
4	右标注(mm)	1000	☐
5	马凳筋排数	1/1	☐
6	单边标注位置	(支座内边线)	☐
7	左弯折(mm)	(0)	☐
8	右弯折(mm)	(0)	☐
9	分布钢筋	(⏀6@200)	☐
10	钢筋锚固	(35)	
11	钢筋搭接	(49)	
12	归类名称	(C8@150)	☐
13	计算设置	按默认计算设置计算	
14	节点设置	按默认节点设置计算	
15	搭接设置	按默认搭接设置计算	
16	汇总信息	板负筋	☐
17	备注		☐
18	+ 显示样式		

图 2-73 “单边标注负筋”属性编辑

2. 双边标注负筋的定义

(1)名称：根据图纸输入构件的名称，该名称在当前楼层的当前构件类型下是唯一的，图纸“结施-13”中没有标注板筋的名称，因而此处可以以板筋的信息“C10@160”作为名称。

(2)钢筋信息：输入格式为“级别+直径+@+间距”，此处输入“⏀10@160”。

(3)左标注(mm)：此处输入“1 000”。

(4)右标注(mm)：此处输入“1 000”。

(5)马凳筋排数：设置马凳筋的排数，可以为 0。双边标注负筋，两边的马凳筋排数不一致时，用“/”隔开，本工程默认值为 1/1。

(6)非单边标注含支座宽：“是”表示含支座宽度；“否”表示不含支座宽度。此处选择“否”。

负筋定义完成，如图 2-74 所示，其他选项可参考“文字帮助”中的相关内容。

属性编辑

	属性名称	属性值	附加
1	名称	C10@160	
2	钢筋信息	⌀10@160	☐
3	左标注(mm)	1000	☐
4	右标注(mm)	1000	☐
5	马凳筋排数	1/1	☐
6	非单边标注含支座宽	否	☐
7	左弯折(mm)	(0)	☐
8	右弯折(mm)	(0)	☐
9	分布钢筋	(⌀6@200)	☐
10	钢筋锚固	(35)	
11	钢筋搭接	(49)	
12	归类名称	(C10@160)	☐
13	计算设置	按默认计算设置计算	
14	节点设置	按默认节点设置计算	
15	搭接设置	按默认搭接设置计算	
16	汇总信息	板负筋	☐
17	备注		☐
18	+ 显示样式		

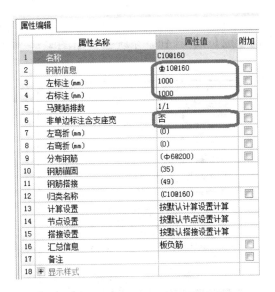

图 2-74 “双边标注负筋”属性编辑

2.8.8 负筋的绘制

负筋布置的方式有按圈梁布置、按连梁布置、按梁布置、按墙布置、按板边布置和画线布置，如图 2-75 所示。

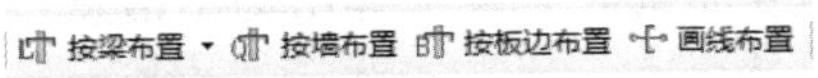

图 2-75 板负筋绘制命令工具栏

按圈梁布置、按连梁布置、按梁布置、按墙布置，四者的操作方法一致。

1. 按板边布置

第一步 在工具栏中单击“按板边布置”按钮，在绘图区域选择板边线。

第二步 单击边线的一侧，该侧作为负筋的右标注，完成操作。

2. 按梁布置

第一步 在工具栏中单击“按梁布置”按钮，在绘图区域选择梁图元，选中的图元显示一条白线。

第二步 单击梁的一侧，该侧作为负筋的右标注，完成操作。

3. 画线布置

在工具栏中单击“画线布置”按钮，在绘图区域单击鼠标选择两点，作为画线布置的范围，单击该线的一侧，作为负筋的左标注，完成操作。

若双边标注负筋左、右长度相等，使用以上方法绘制时不需要使用鼠标左键确定左侧。

板负筋除以上介绍的绘制方法外，对于有一定规律配筋的板，系统还提供了“自动生成负筋”功能来快速布置板负筋。下面以图纸“结施-13”中⑤轴上的板负筋为例进行讲解，在该轴上板负筋信息均为 ⌀10@160，右标注为 1 000，左标注为 1 000，根据图纸信息定义该负筋。

在工具栏中单击"自动生成负筋"按钮，系统会弹出图 2-76 所示的"自动生成负筋"对话框。

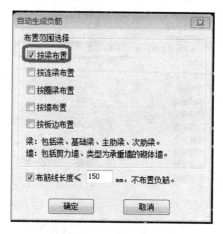

图 2-76 "自动生成负筋"对话框

选择"按梁布置"选项（其他选择请参考"文字帮助"中的相关内容），单击"确定"按钮，单击鼠标选择或框选需要布置该负筋的梁，例如，单击⑤轴上的 KL-6，单击右键即生成完毕。

若在选择的梁上已经布置了负筋，系统会弹出提示信息，此时根据工程实际情况选择即可。

2.8.9 小结与延伸

(1) 跨板的受力筋，也可以看作跨板的负筋，其要用受力筋中的跨板受力筋来定义，不能按负筋定义，因为其计算方法和受力筋相同，与负筋不同。

(2) 板的绘制，除"点"画法外，还有"直线"和"弧线"画法，或者自动生成板。实际工程中，根据具体的情况进行选择即可，更多操作请参考"文字帮助"中的相关内容。

(3) 交换左右标注：对于跨板受力筋或者负筋，在绘制过程中如果没有很好地区分左标注和右标注，将导致绘图时标注反向，此时可以通过"交换左右标注"功能进行调整。

(4) 查改钢筋标注：板的受力筋和负筋绘制到图上以后，如果需要进行查看或者修改，可以使用这个功能，该功能可针对钢筋信息和标注进行调整。

任务 2.9 独立基础

2.9.1 独立基础的定义

独立基础属于扩展基础，定义时需要分单元定义，以图纸"结施-05"中的基础平面布置

图(附图 16)为例进行讲解。操作步骤如下:

第一步 切换到基础层,在构件定义界面,新建独立基础,如图 2-77 所示。

第二步 修改名称为"DJ-1",按要求修改底标高并确定是否扣减板/筏板的底筋和面筋。

扣减板/筏板面筋(底筋)默认为"全部扣减"时,表示板/筏板面筋(底筋)遇到该独立基础时,钢筋是连续贯通的;如果修改为"不扣减",表示板/筏板面筋(底筋)遇到该独立基础时,钢筋是锚入该独立基础的,即从独立基础边锚一个 L_{aE};若选择"隔一扣一",表示板/筏板面筋(底筋)遇到该独立基础时,钢筋一半锚入该独立基础,一半连续贯通。

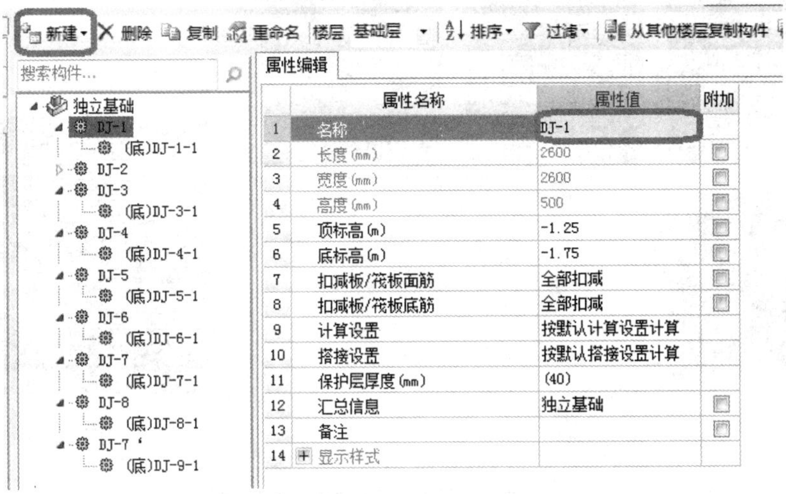

图 2-77 独立基础属性编辑示意

第三步 把鼠标移动至左边新建的独立基础"DJ-1",单击鼠标右键,在弹出的快捷菜单中选择"新建参数化独立基础单元"命令,系统弹出"选择参数化图形"对话框,如图 2-78 和图 2-79 所示。

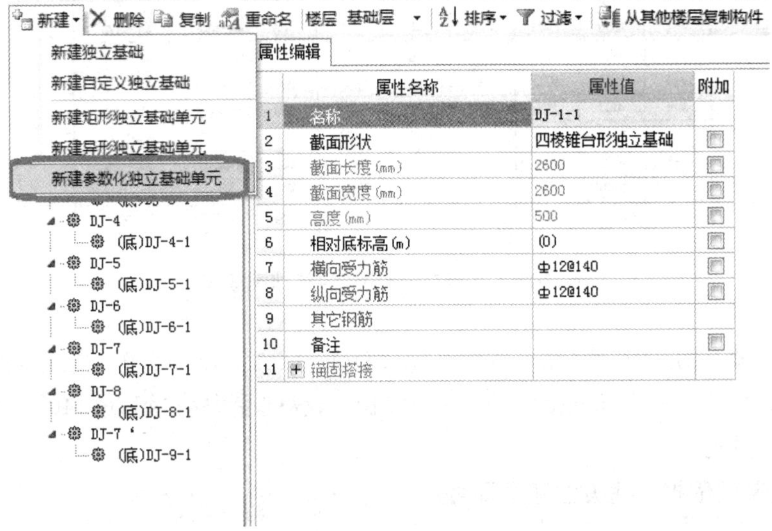

图 2-78 "新建参数化独立基础单元"命令

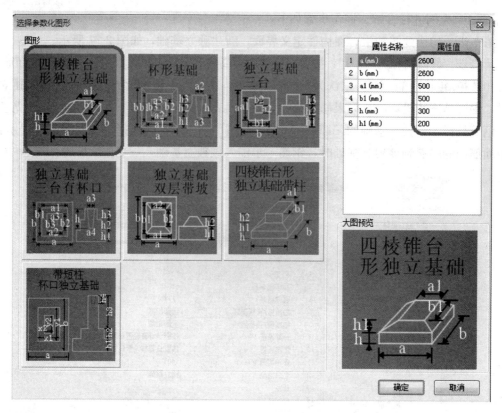

图 2-79 "选择参数化图形"对话框

建立好独立基础单元之后,根据图纸"结施-06"中基础配筋表(图 2-80)输入 DJ-1 的相关属性参数,如图 2-81 所示。

基础号	基础尺寸						配筋	柱断面
	A/2	A	B/2	B	h1	h2		
J-1	1300	2600	1300	2600	300	200	⏀12@140	400*400
J-2	1400	2800	1400	2800	300	300	⏀14@160	400*400
J-3	1500	3000	1500	3000	300	300	⏀14@160	400*400
J-4	1600	3200	1600	3200	400	300	⏀14@130	400*400
J-5	1700	3400	1700	3400	400	300	⏀14@130	400*400
J-6	1800	3600	1800	3600	400	400	⏀16@150	400*400
J-7	1900	3800	2300	4600	400	400	⏀16@150	400*400 (450*450)
J-8	2400	4800	2400	4800	500	400	⏀16@130	500*500

图 2-80 图纸"结施-06"的基础配筋表

独立基础 DJ-1 第一阶"底"输入截面长度 2 600、截面宽度 2 600、高度 500,相对底标高取系统默认值"0",输入横向受力筋"⏀12@140"、纵向受力筋"⏀12@140",面筋不输入,独立基础输入完毕。

其他独立基础依据上述方法建立即可。

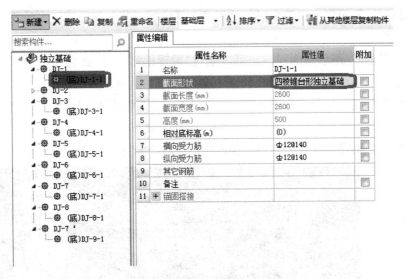

图 2-81 独立基础单元属性编辑示意

2.9.2 独立基础的绘制

独立基础属于点状构件,其绘制方法与柱构件一致,具体操作步骤参考柱构件的绘制方法即可。

任务 2.10 钢筋三维

构件的钢筋三维显示功能,可以精确显示构件钢筋的计算结果,按照钢筋实际的长度和形状在构件中排列与显示,并标注各段的计算长度,可直观查看计算结果和钢筋核对量。钢筋三维能够直观、真实地反映当前所选择图元的内部钢筋骨架,清楚地显示钢筋骨架中每根钢筋与编辑钢筋中的每根钢筋的对应关系,并且钢筋三维中数值可修改,计算结果和钢筋三维保持对应,数值修改后相互保持联动,可以实时查看修改后的钢筋三维效果。

首先需要汇总计算,计算出钢筋结果之后,才能使用"钢筋三维"命令查看计算结果。具体操作步骤如下。

1. 柱的钢筋三维显示

通过柱的钢筋三维显示,可直观地看到柱钢筋的计算结果和实际形态。柱绘制和计算完毕后,单击"钢筋三维"按钮,然后选择要查看的柱图元,系统切换到钢筋三维的状态,拖动鼠标可以变换观察角度,从各个方向查看钢筋三维图形。

绘图区域左上方显示"钢筋显示控制面板"对话框,这个对话框用来设置显示的钢筋类别。当对话框中所有的钢筋都被勾选时,绘图区域显示所有钢筋的三维钢筋线。勾选某种钢筋时,就显示对应的三维钢筋线。通过设置,可以更清晰地观察钢筋的形状和每段的长度。全部选择时,则可以观察整个图元的钢筋布置情况,其与实际施工中的情况基本一致,非常直观。

(1)在查看钢筋三维状态的同时,可以通过"编辑钢筋"表格查看每根钢筋的计算过程。选中图中任意一根钢筋,"编辑钢筋"表格中会对应选中这根钢筋的计算。三维图中显示这根钢筋每段线的长度,便于查看核对量。同样,当选中"编辑钢筋"表格中任意一行数据时,系统会自动选中该行数据对应的钢筋三维线,这样,就可以直观地看到每个位置的钢筋的形状和计算公式,钢筋的计算更加直观和透明,如图2-82所示。

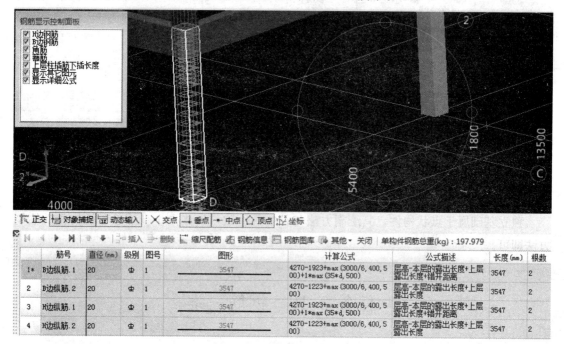

图2-82 柱钢筋三维轴测图

(2)在钢筋三维状态下,可以切换查看多个柱的计算结果。

(3)柱箍筋的加密区与非加密区正确显示,并与计算结果对应。

(4)柱箍筋的弯钩能够正确显示,弯钩也能错开进行布置。

柱钢筋三维在截面编辑和非截面编辑状态下分别显示,非截面编辑时按照默认排布显示,截面编辑时按照截面编辑的排布显示。

2. 梁的钢筋三维显示

通过梁的钢筋三维显示,可以直观地看到梁钢筋的计算结果和实际形态。

(1)通过"钢筋显示控制面板"对话框可以控制钢筋三维的显示类型,如图2-83所示。

(2)三维显示的钢筋与编辑钢筋列表中的数据也是一一对应的。选中钢筋线,系统会自动定位到编辑列表中的行;选中某一行数据,绘图区域会自动选出该行数据对应的钢筋线,并且会对钢筋线的每段长度进行标注,方便查看核对量。

钢筋线的节点区锚固和其他区段用不同颜色加以区分,方便查看计算结果。

(3)钢筋三维中的数字可以修改,修改后,钢筋线长度会及时联动;同样,如果在"编

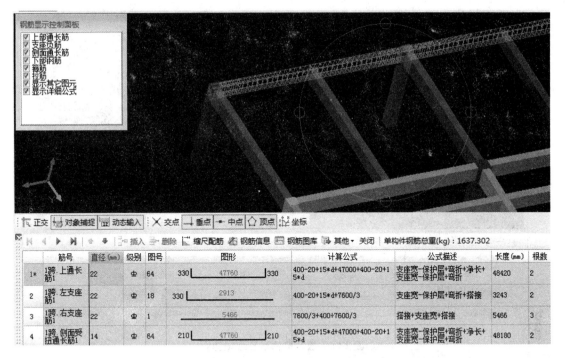

图 2-83 梁钢筋三维轴测图

辑钢筋"表格中对计算结果进行了修改,钢筋三维也会一起联动。

(4)如果支座负筋存在多排布置,可以支持多排显示。

3. 板的钢筋三维显示

板的钢筋三维显示支持受力筋和负筋。

(1)板受力筋。

1)同时选择底筋和面筋,然后查看钢筋三维,支持同时显示底筋和面筋的钢筋三维,也可以通过"钢筋显示控制面板"对话框进行控制。

2)也可以只显示底筋或面筋的钢筋三维,再通过鼠标选取钢筋来切换需要查看三维的钢筋种类。

(2)板负筋。汇总计算后,运行"钢筋三维"功能,选择负筋,即可查看负筋钢筋三维,如图 2-84 所示。

1)可以同时选择多个负筋,然后查看钢筋三维,选中钢筋三维的某根钢筋线时,在该钢筋线上显示各段的尺寸,同时"编辑钢筋"表格中对应的行亮显。

2)板钢筋同样支持三维修改数值,修改后,计算结果与钢筋三维保持联动。

4. 基础的钢筋三维显示

根据基础构件钢筋的实际排布情况,正确显示钢筋的三维视图。独立基础三维轴测图如图 2-85 所示。

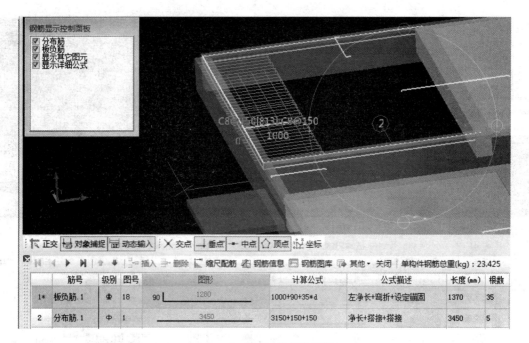

图 2-84　板负筋钢筋三维轴测图

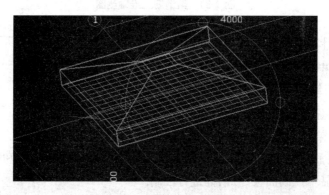

图 2-85　独立基础三维轴测图

任务 2.11　砌体结构

砌体结构主要包括砌体墙、门窗洞、过梁、构造柱、砌体加筋和圈梁。

2.11.1　砌体墙的定义和绘制

在构件定义界面选择"新建砌体墙"命令,如图 2-86 所示。

(1)名称:根据图纸输入构件的名称,该名称在当前楼层的当前构件类型下是唯一的,本图纸中没有给出构件的名称,因此,在输入时可以取墙体厚度[厚度可参考图纸"建施-01"建筑设计总说明(附图1)第五条中的(2)外墙:外墙均为 250 厚陶粒空心砌块,M7.5 混

图 2-86 砌体墙属性编辑示意

合砂浆砌筑,贴 30 厚 FTC 自调温相变保温材料;(3)内墙:200 厚陶粒空心砌块,M7.5 混合砂浆砌筑。卫生间局部隔墙为 100 厚陶粒空心砌块。首层墙下的墙体为标准灰砖墙, M7.5 水泥砂浆砌筑;位置:地梁顶到首层层底]作为构件的名称。

(2)厚度(mm):墙体的厚度。

(3)轴线距左墙皮距离(mm):参考梁构件的定义。

(4)砌体通长筋:砌体墙上的通长筋,输入格式为"排数+级别+直径+@+间距",如"2φ8@150"。本工程未设置此类钢筋,不需要输入。

(5)横向短筋:砌体墙上垂直墙面的短筋,类似于剪力墙上的拉筋,输入格式为"级别+直径+@+间距或根数+级别+直径",如"φ8@150"或"4φ22"。本工程未设置此类钢筋,不需要输入。

(6)砌体墙类型:系统提供了三种类型——框架间填充墙、承重墙、填充墙。本工程选择"框架间填充墙"。

1)框架间填充墙:不作为板的支座,不能与剪力墙重叠绘制,且不作为连梁智能布置的对象。

2)承重墙:可作为承重构件绘制,可作为板的支座。

3)填充墙:不作为板的支座,可与剪力墙重叠绘制,可用于剪力墙上施工洞的绘制,而且作为连梁智能布置的对象。

墙体属于线状构件,其绘制方法与梁构件一致,操作步骤请参考 2.7.3 节"梁的绘制"或"文字帮助"中的相关内容。

2.11.2 门窗洞的定义和绘制

门窗洞属于依附构件,在绘制时必须先把墙体绘制好,否则无法布置门窗洞。下面以图纸"建施-04"一层平面图(附图 4)上的门窗为例,讲解门窗洞的定义和绘制。

1. 门构件的定义

下面以 M-2(900×2 100)[图纸"建施-11"门窗明细表(附图 11)]为例进行讲解。在门构件定义界面中选择"新建矩形门"命令,如图 2-87 所示。

(1)名称:根据图纸输入构件名称"M-0921"(以门窗长宽尺寸命名),该名称在当前楼层的当前构件类型下是唯一的。

图 2-87 门属性编辑示意

（2）洞口宽度(mm)：门的实际宽度为 900，如果是异形门或者参数化门，则显示为外接矩形的宽度。

（3）洞口高度(mm)：门的实际高度为 2 100，如果是异形门或者参数化门，则显示为外接矩形的高度。

（4）离地高度(mm)：门底部距离当前楼层的高度，本工程输入"30"（3.6 m－3.57 m＝0.03 m，即建筑标高－结构标高）。

（5）洞口每侧加强筋：用于计算门周围的加强钢筋，如果顶部和两侧配筋不同，则用"/"隔开，如"4Φ16/6Φ14"。本构件不需要输入。

（6）斜加筋：输入格式为"数量＋级别＋直径"，如"4Φ14"。本构件不需要输入。

（7）其它钢筋：若除当前构件中已经输入的钢筋外，还有需要计算的钢筋，则可以通过"其它钢筋"来输入。本构件不需要输入。

（8）汇总信息：默认为洞口加强筋，报表预览时部分报表可以以该信息进行钢筋的分类汇总。本构件可以不作修改。

（9）备注：该属性值仅是个标识，对计算不起任何作用。

2. 门构件的绘制

在工具栏中选择"点"布置功能，将鼠标移动到需要布置门的墙体上，在门厅两侧动态显示该门构件与两轴的距离。如需要精确绘制门的位置，可在门的一侧矩形框内输入相对应轴线尺寸的距离，按回车键确定即可完成绘制，按 Tab 键可切换到另一侧输入。若不需要精确布置门窗的位置，可以直接在门的大概位置单击鼠标，即可绘制出门图元，如图 2-88 所示。

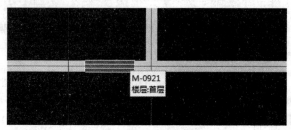

图 2-88 门图元定位示意

3. 窗构件的定义

下面以 C1-2121[图纸"建施-11"门窗明细表(附图 11)]为例进行讲解。在窗构件定义界面中选择"新建矩形窗"命令，如图 2-89 所示。

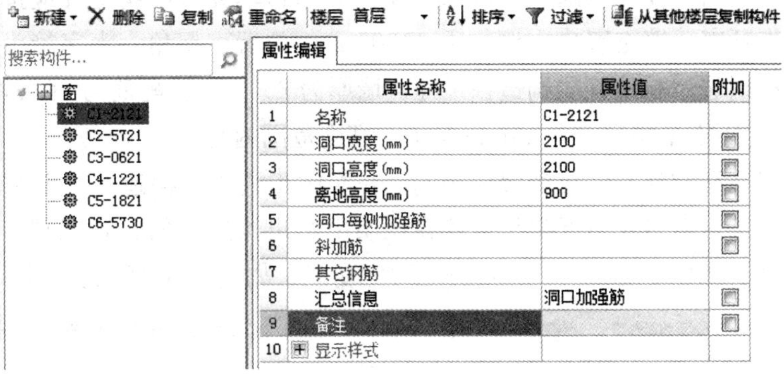

	属性名称	属性值	附加
1	名称	C1-2121	
2	洞口宽度(mm)	2100	☐
3	洞口高度(mm)	2100	☐
4	离地高度(mm)	900	☐
5	洞口每侧加强筋		☐
6	斜加筋		☐
7	其它钢筋		
8	汇总信息	洞口加强筋	☐
9	备注		☐
10	+ 显示样式		

图 2-89 窗属性编辑示意

(1)名称：根据图纸输入构件名称"C1-2121"，该名称在当前楼层的当前构件类型下是唯一的。

(2)洞口宽度(mm)：窗的实际宽度为 2 100。

(3)洞口高度(mm)：窗的实际高度为 2 100。

(4)离地高度(mm)：窗底部距离当前楼层的高度。本工程输入"900"。

(5)洞口每侧加强筋：用于计算窗周围的加强钢筋，如果顶部和两侧配筋不同，则用"/"隔开，如"4Φ16/6Φ14"。本构件不需要输入。

(6)斜加筋：输入格式为"数量+级别+直径"，如"4Φ14"。本构件不需要输入。

(7)其它钢筋：若除当前构件中已经输入的钢筋外，还有需要计算的钢筋，则可以通过"其它钢筋"来输入。本构件不需要输入。

(8)汇总信息：默认为洞口加强筋，报表预览时部分报表可以以该信息进行钢筋的分类汇总。本构件可以不作修改。

(9)备注：该属性值仅是个标识，对计算不起任何作用。

4. 窗构件的绘制

门窗洞口的定义和绘制方法基本是相同的，所以在定义或者绘制构件时，只要懂得了一种类型构件的操作方法，其他相似的构件灵活变通应用即可。窗构件的绘制方法与门构件相同。

5. 门联窗的定义和绘制

在系统中定义门联窗构件时，只能定义一侧门和一侧窗类型，选项可参考"文字帮助"中的相关内容。

6. 带形窗的定义和绘制

弧形窗可以使用带形窗来定义，本例不涉及带形窗构件，选项可参考"文字帮助"中的相关内容。

带形窗属于线状构件，其绘制方法与梁构件相同，不再进行讲述。

2.11.3 构造柱的定义和绘制

分析案例图纸结构设计总说明（附图 15）中的要求：填充墙的构造柱应按照先砌墙后浇筑构造柱的施工顺序，填充墙应在洞口大于 900 mm 位置、拐角、十字接头、一字墙两端及墙长大于 5 m 时设置构造柱。构造柱尺寸：墙厚为 200 mm；配筋为 4Φ12，Φ6@100/200（箍筋加密范围为距上下楼层 500 mm 以及 1/6 高度范围内）。

构造柱的定义和绘制方法与框架柱相同，在实际工程中，构造柱一般情况下不会在图纸上直接标注出来，大多数图纸都是直接在说明中给出构造柱的布置规则，因此，系统也根据构造柱的这一特性开发了"自动生成构造柱"功能，如图 2-90 所示。

图 2-90 "自动生成构造柱"功能

单击工具栏中的"自动生成构造柱"按钮（此功能不需要先建立柱构件），系统将弹出图 2-91 所示的"自动生成构造柱"对话框。

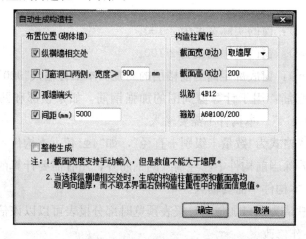

图 2-91 "自动生成构造柱"对话框

根据工程实际情况，在对话框中勾选需要生成构造柱的选项，单击"确定"按钮，再在绘图区域单击鼠标选择或者框选需要生成构造柱的墙体，单击鼠标右键结束，构造柱生成完毕。

2.11.4 过梁的定义和绘制

过梁属于依附构件，绘制过梁之前必须把门窗洞口绘制好，分析案例图纸结构设计总说明（附图 15）的要求：填充墙洞口过梁可根据建筑施工图纸的洞口尺寸按表 10（此处为表 2-1）选用，荷载按一级取用。当洞口紧贴柱或钢筋混凝土墙时，过梁改为现浇，施工主体结构时，应按相应的梁配筋在柱内预留插筋。现浇过梁截面、配筋可按表 10（表 2-1）的形式给出（本工程按现浇过梁考虑，过梁伸入墙长度为 250 mm）。

表 2-1 过梁配筋表

门窗洞口宽度	≤1 200		>1 200 且≤2 400		>2 400 且≤3 600	
截面 $b×h/(mm×mm)$	$b×150$		$b×180$		$b×300$	
配筋 \ 墙厚	①	②	①	②	①	②
$b=100$	2Φ10	2Φ12	2Φ12	2Φ14	2Φ12	2Φ16
$100<b≤200$	2Φ10	3Φ12	2Φ12	2Φ14	2Φ12	2Φ16
$b>200$	2Φ10	2Φ12	2Φ12	2Φ14	2Φ12	2Φ16

在系统定义界面选择"新建矩形过梁"命令,在"属性编辑器"中输入相应的属性信息,如图 2-92 所示。

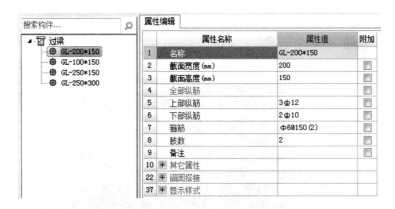

图 2-92 过梁属性编辑示意

(1)名称:根据图纸输入构件的名称,该名称在当前楼层的当前构件类型下是唯一的,可以取洞口宽度作为名称。

(2)截面宽度(mm):过梁的宽度,数值默认为空,宽度为其所在的墙图元的宽度。

(3)截面高度(mm):输入梁截面高度的尺寸(按照门窗表进行合理选择)。

其他选项输入与梁的定义相同。

过梁的布置在系统中有两种方式,一是"点"布置;二是"智能布置",如图 2-93 所示。

"点"布置的操作步骤是:在构件列表中选择需要布置的过梁构件,在工具栏中单击"点"按钮,在绘图区域点选需要布置的门窗洞口即可完成绘制。

用"智能布置"方式绘制过梁如图 2-94 所示。

图 2-93 过梁绘制方式　　　图 2-94 用"智能布置"绘制过梁

分析图纸可知,本工程适合采用"智能布置"→"按门窗洞口宽度布置"的方式绘制过梁,选择命令后，根据工程的相关说明，勾选相应的布置类型，输入布置条件后再单击"确定"按钮即可完成，如图 2-95 所示。

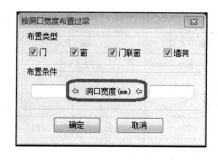

图 2-95 "按洞口宽度布置过梁"对话框

2.11.5 砌体加筋的定义和绘制

在系统定义界面选择"新建砌体加筋"命令，在弹出的"选择参数化图形"对话框中选择截面类型，并输入相应的属性值，如图 2-96 所示，单击"确定"按钮，构件定义完成。

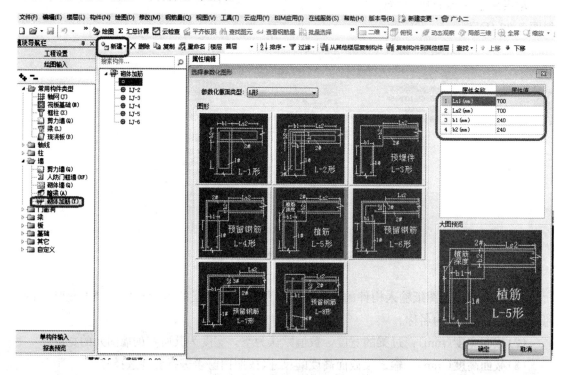

图 2-96 "选择参数化图形"对话框

系统提供了多种砌体加筋的绘制方法，如图 2-97 所示。选择"点"布置时，单击需要布置砌体加筋的柱图元即可完成绘制；选择"智能布置"→"柱"命令，点选或者框选需要生成砌体加筋的柱图元，单击鼠标右键确定，绘制完毕。

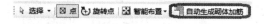

图 2-97 砌体加筋绘制命令工具栏

除以上布置方法外，系统还提供了"自动生成砌体加筋"（该命令不需要先新建构件）方法，在生成过程中，该命令会自动新建构件，操作步骤如下：

(1) 在工具栏中单击"自动生成砌体加筋"按钮，系统弹出"参数设置"对话框，如图 2-98 所示。

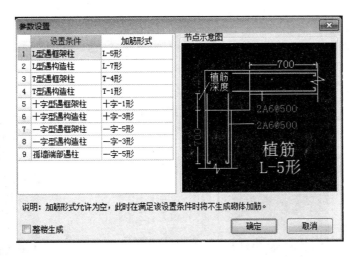

图 2-98 "参数设置"对话框

(2)单击选择加筋类型,在右边的节点示意图中修改加筋信息,单击"确定"按钮,单击鼠标左键框选需要生成砌体加筋的柱图元,单击鼠标右键结束,系统提示"砌体加筋生成成功",如图 2-99 所示。

若选中的柱图元已经绘制砌体加筋,系统会弹出图 2-100 所示的对话框,此时根据实际工程需要选择即可。

图 2-99 "砌体加筋生成成功"提示对话框

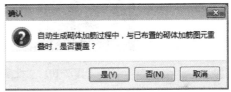

图 2-100 砌体加筋是否覆盖提示对话框

任务 2.12 其他楼层的绘制

2.12.1 层间复制

首层绘制完毕后,其他楼层,包括第 2 层到顶层、基础层的绘制方法和首层相似,也可以通过层间复制来绘制其他层的构件。

层间复制有"复制选定图元到其他楼层"和"从其他楼层复制构件图元"两种方法。下面以柱为例,介绍层间复制的操作方法。

首层柱绘制完毕后,二层柱与首层柱基本相同,需要把首层柱图元复制到二层。

(1)若当前楼层处于"首层",则使用"复制选定图元到其它楼层"命令。在工具栏中单击"批量选择"按钮,弹出"批量选择构件单元"对话框,勾选所有柱,如图 2-101 所示,单击"确定"按钮。

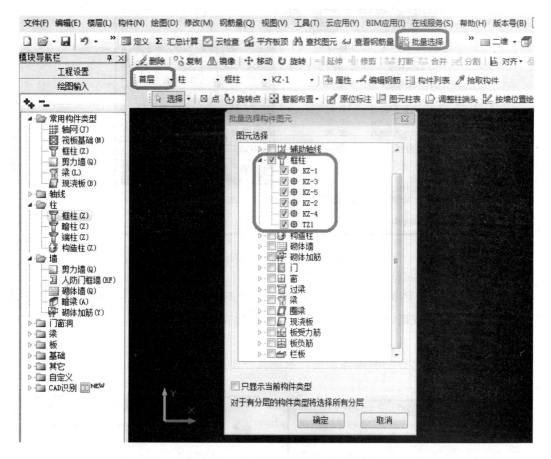

图 2-101 "批量选择构件图元"对话框

在"楼层"菜单中选择"复制选定图元到其它楼层"命令,在弹出的"复制图元到其它楼层"对话框中勾选"第 2 层",如图 2-102 所示,单击"确定"按钮即可完成选中的图元复制到第 2 层。

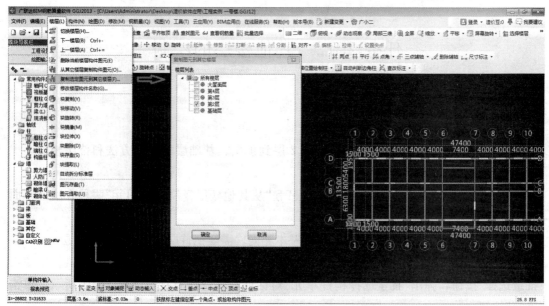

图 2-102 "复制选定图元到其它楼层"命令

(2)若当前楼层处于第2层,则使用"从其它楼层复制构件图元"命令。在菜单栏中选择"楼层"→"从其它楼层复制构件图元"命令,在弹出的"从其它楼层复制图元"对话框中勾选"框柱"和"第2层",如图2-103所示,单击"确定"按钮即可完成层间复制。

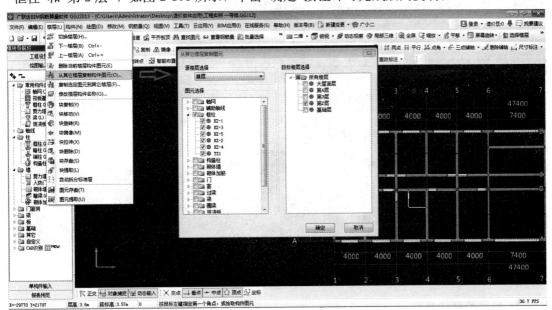

图2-103 "从其它楼层复制构件图元"命令

2.12.2 复制后修改

把首层的柱复制到第2层后,某些图元与首层有变化,如图纸"结施-06"(附图19)中的KZ-1,箍筋由 ф10@100/200 变成 ф8@100/200,需要进行修改,如图2-104所示。

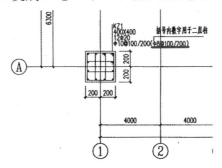

图2-104 图纸信息

其变化可以在"属性编辑器"或"原位标注"中进行修改,如图2-105所示。

2.12.3 顶层

顶层构件的定义和绘制与首层基本相同。需要注意的是,顶层柱的顶部锚固节点的计算,需要根据柱类型匹配不同的节点,判断柱的边角类型。顶层板若无面筋贯通,一般要设置温度筋。

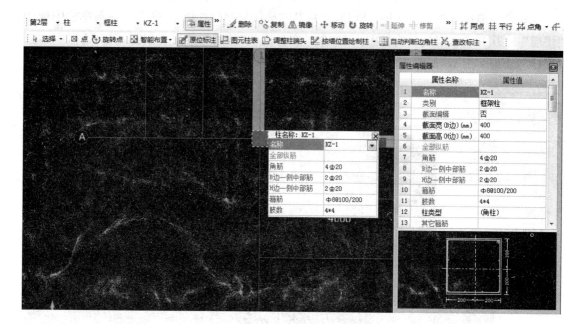

图 2-105　柱纵筋信息修改示意

1. 自动判断边角柱

在柱的属性定义中有一个"柱类型"属性，默认为中柱，允许修改为角柱或边柱。根据国标图集 G101 的要求，三种类型的柱在顶层时的钢筋构造是不同的，所以在顶层时要正确选择每个柱图元的"柱类型"属性才能保证钢筋计算结果的准确性。

顶层梁绘制完毕后，围成封闭的区域，就可以进行边角柱的识别了。

柱的图层中，在工具栏中单击"自动判断边角柱"按钮，系统软件提示自动判别边角柱成功，如图 2-106 所示。

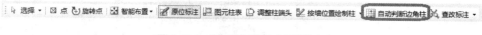

图 2-106　"自动判断边角柱"按钮

该功能只针对框架柱和框支柱，判断完毕后，边柱和角柱颜色改变。与中柱不同，三种不同的颜色显示不同的柱类型。

2. 温度筋的定义和绘制

分析图纸"结施-16"中 14.37 m 板平法施工图（附图 27），附注第 4 条要求在屋面板加设温度筋，如图 2-107 所示。

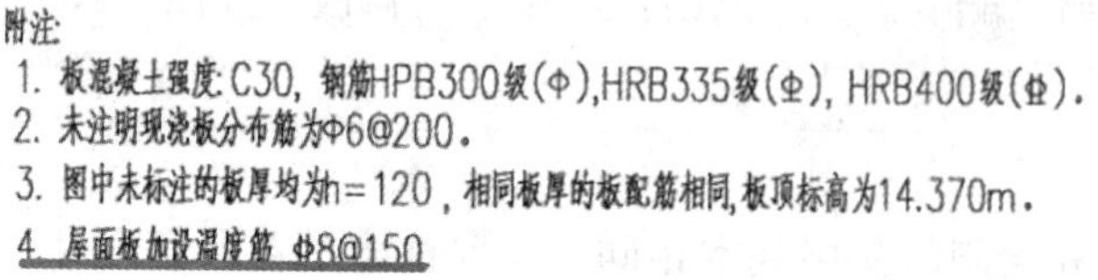

附注：
1. 板混凝土强度：C30，钢筋HPB300级(Φ)，HRB335级(Φ)，HRB400级(Φ)。
2. 未注明现浇板分布筋为Φ6@200。
3. 图中未标注的板厚均为h＝120，相同板厚的板配筋相同，板顶标高为14.370m。
4. 屋面板加设温度筋　Φ8@150

图 2-107　温度筋配筋信息说明

温度筋的定义：在板受力筋定义界面选择"新建板受力筋"命令，"类别"属性选择"温度筋"即可，如图 2-108 所示，其绘制方法与板受力筋相同。可参考 2.8.4 节"板受力筋的绘制"的相关内容。

图 2-108　温度筋属性编辑示意

2.12.4　小结与延伸

(1)构件与图元的区别：构件列表中显示的为构件，绘图区域显示的为图元。

(2)复制到其他楼层后，属性值不同的图元，修改时要注意"公有属性"和"私有属性"的修改方法。

1)公有属性："属性编辑器"中属性名称列字体颜色为蓝色的项。需要修改图元的公有属性值时，可以在任意界面的"属性编辑器"中修改。

2)私有属性："属性编辑器"中属性名称列字体颜色为黑色的项。需要修改图元的私有属性时，必须在绘图区域界面，选中需要修改的图元(可以多选)到"属性编辑器"中修改。

任务 2.13　零星构件

工程中除柱、墙、梁、板等主体结构外，还存在一些零星构件，如楼梯和阳角放射筋，这类构件和零星的钢筋，在绘图输入部分不方便绘制，软件提供了"单构件输入"方法。

单构件输入部分，主要有直接输入和参数输入两种输入方式。

2.13.1　直接输入法

单构件的直接输入法与参数输入法在新建构件时的操作方法一致。建立好构件后，选择工具栏中的"钢筋图库"命令，系统弹出"选择钢筋图形"对话框，通过"弯折"和"弯钩"过滤出需要的钢筋形状，双击需要的钢筋形状传送到单构件输入窗口的"图形"列，修改筋号、直径和图形列钢筋形状上的变量，即可完成钢筋量的计算。

若在系统"钢筋图库"中找不到合适的钢筋形状，则可以使用"自定义图库"功能，进行钢筋形状的绘制和公式的设置，操作步骤参考"文字帮助"中的相关内容。

以下内容选自系统的"文字帮助"：

在直接输入法中，直接在表格中填入钢筋参数，系统根据输入的参数计算钢筋工程量，如图 2-109 所示。这里可以处理几乎所有工程中碰到的钢筋。凡是在参数输入、平法输入、绘图输入中不便处理的钢筋，都可以在这里处理。

筋号	直径	级别	图号	图形	计算公式	公式描述	长度	根数	搭接	损耗	单重	总重	钢筋归类	搭接形式	钢筋类型
1.B边纵	20	Φ	1	1970	3000-3000/3-30	层高-本层露出	1970	6	1	0	4.858	29.15	直筋	电渣压力焊	普通钢筋
1.H边纵	20	Φ	1	1970	3000-3000/3-30	层高-本层露出	1970	6	1	0	4.858	29.15	直筋	电渣压力焊	普通钢筋
1.角筋1	25	Φ	1	1970	3000-3000/3-30	层高-本层露出	1970	4	1	0	7.591	30.365	直筋	套管挤压	普通钢筋
1.插筋1	25	Φ	1	1950	3000/3+1.2*31*d	本层露出长度+计算设置中不变截面	1930	4	0	0	7.437	29.748	直筋	套管挤压	普通钢筋
1.插筋2	20	Φ	1	1744	3000/3+1.2*31*d	本层露出长度+计算设置中不变截面	1744	12	0	0	4.301	51.612	直筋	电渣压力焊	普通钢筋
1.箍筋1	8	Φ	195	340 [图形]	2*((400-2*30)+(400-2*30))+2		1614	24	0	0	0.637	15.285	箍筋	绑扎	普通钢筋
1.箍筋2	8	Φ	195	340 [图形]	2*(((400-2*30-25)/4+2+25)+(400-2*30))		1299	48	0	0	0.513	24.603	箍筋	绑扎	普通钢筋

图 2-109　钢筋信息输入

下面给出列数据说明。在输入区域单击鼠标右键会弹出右键菜单。

(1)筋号：筋号就是钢筋的名称，便于识别。输入筋号后，软件自动给出"直径""级别"及"图号"的默认值。

(2)直径：钢筋的直径。

对于"级别"，所输入的直径为 3、4、5、6、6.5、7、8、9、10 时，级别默认为 HPB300 级；大于等于 12 时默认为 HRB335 级；输入 4.5、5.5、7.5、8.5、9.5、10.5、11、11.5 时默认为冷轧带肋钢筋；输入 10.8、8.6、12.9 等时默认为预应力钢绞线，修改直径将影响"级别"和"钢筋类型"。

对于"钢筋类型"，如果修改的直径与"钢筋类型"不匹配，则系统会自动修改"钢筋类型"与之匹配。

(3)级别：下拉列表框中列出 HPB300、HRB335、HRB400、RRB400、冷轧带肋钢筋、冷轧扭钢筋、预应力钢绞线、预应力钢丝、HRB500、HRBF500、HRBF335、HRBF400、HRB335E、HRB400E、HRB500E。系统会自动根据钢筋直径算出级别(如果同一直径的钢筋有多个级别，默认取最小的)。

(4)图号：在"图号"栏单击鼠标，将"图号"栏设置为可编辑状态，单击三点的按钮，弹出"选择钢筋图形"对话框，如图 2-110 所示，从中可以选择需要的钢筋形状，还可以切换到"自定义图库"页签，选择自定义的钢筋图形。

(5)图形：显示图号所对应的图形，可在图形中直接输入长度。

(6)计算公式：只能输入不带参数(可以输入直径 d)的合法计算式。

在箍筋的计算公式中,直径显示为 d,不显示当前直径的具体数值。如果修改钢筋的直径,在后面的"长度"等结果将发生变化。

若所选的图形带弯钩,且弯钩在图形上无参数,则软件自动增加 180°弯钩长度;弯钩的长度取值根据当前工程抗震等级以及工程设置的弯钩取值。

(7)长度:根据计算公式计算出的长度值,不可修改。

(8)根数:可以直接输入,对于平法输入或参数输入的某些钢筋,单击该栏可以显示根数的计算公式,也可以用"根数计算"功能来计算根数。

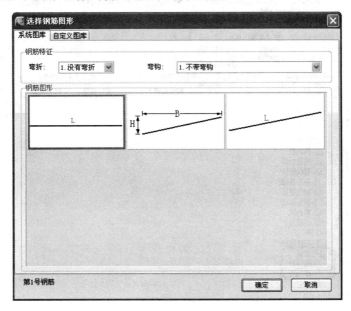

图 2-110 "选择钢筋图形"对话框

(9)搭接:搭接形式为"绑扎"时,是指搭接长度;搭接形式为除绑扎外的其他形式时,是指搭接个数。

(10)损耗:根据工程信息中"损耗模板"类型计算损耗值。

(11)钢筋归类:单击下拉框可以选择"箍筋""直筋""措施筋"。根据钢筋图号软件会自动给出,也可自行更改。

(12)搭接形式:有如下搭接形式供选择:"绑扎""双面焊""单面焊""电渣压力焊""锥螺纹连接""直螺纹连接""对焊""套管挤压""锥螺纹(可调型)""气压焊"。

(13)钢筋类型:有 5 种形式供选择:"普通钢筋""冷轧扭钢筋""冷轧带肋钢筋""预应力钢绞线"和"预应力钢丝"。当选择的钢筋类型与前面的直径不匹配时,系统提示"请重新选择钢筋直径或钢筋类型",如图 2-111 所示。

图 2-111 提示对话框

(14)单重:根据比重自动算出 1 根钢筋的重量,单位为 kg。

(15)总重:通过单重乘以根数算出本行钢筋的总重量,单位为 kg。

2.13.2 参数输入法

参数输入法通过选择系统内置构件的参数图，输入钢筋信息，进行计算。下面通过楼梯的单构件输入介绍参数输入法。

在系统左侧导航栏中选择"单构件输入"选项，单击"构件管理"按钮，在"单构件输入构件管理"对话框中选择"楼梯"构件类型，单击"添加构件"按钮添加"AT1"，如图 2-112 所示。

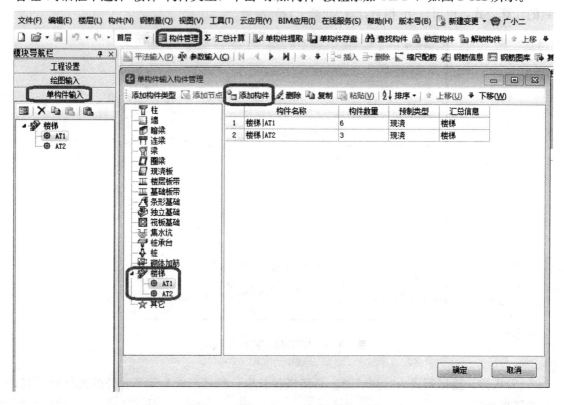

图 2-112 "单构件输入构件管理"对话框

构件名称可以根据图纸输入，若还有其他梯段，则继续添加，修改好名称，单击"确定"按钮返回"单构件输入"界面。

单击"参数输入"按钮，如图 2-113 所示，进入"参数输入法"界面，选择需要匹配参数图集的楼梯名称。

图 2-113 "单构件输入"界面

单击"选择图集"按钮,在弹出的"选择标准图集"对话框中选择与图纸一致的楼梯参数图。

单击"选择"按钮,如图 2-114 所示,当前楼梯参数图被选到"参数输入法"界面,在此界面参数图上的绿色标注均可修改,参数修改完毕后单击"计算退出"按钮,如图 2-115 所示,返回"单构件输入"界面,显示结果如图 2-116 所示。

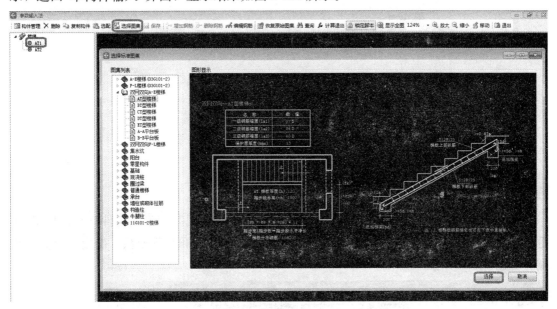

图 2-114 "选择标准图集"对话框

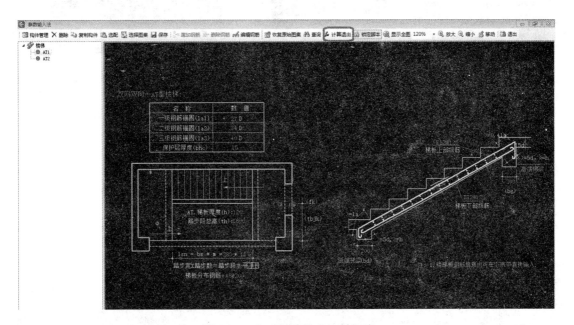

图 2-115 标准图集信息修改窗口

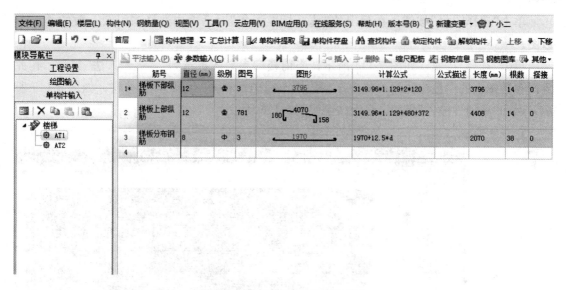

图 2-116　单构件输入楼梯明细表

若其他楼层存在与本层相同的构件，则可使用菜单"楼层"→"复制构件到其他楼层"命令；在"复制构件到其他楼层"对话框中选择需要复制的构件和目标层数，确定即可完成复制，如图 2-117 所示。

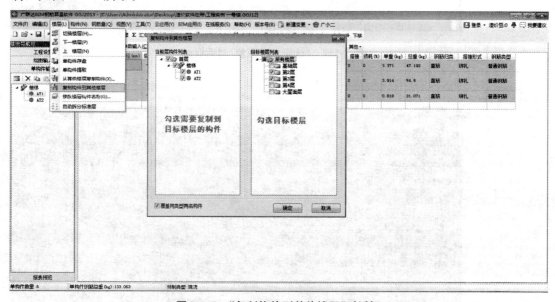

图 2-117　"复制构件到其他楼层"对话框

任务 2.14　计算设置和查看工程量

2.14.1　计算设置

计算设置默认了平法和规范的规则，实际工程中如果存在与平法和规范不一致的算法，可在"计算设置"模块中进行调整。下面以基础插筋为例进行讲解,分析图纸"结施-06"(附图17)中柱插筋在基础内的做法是"角筋伸到基础底弯折200",如图2-118所示。

该设置可在"计算设置"→"柱/墙柱"→"柱"的第16、17项进行修改,如图2-119所示。

采用同样的方法,对其他需要修改的项进行修改,此处不再描述,更多操作请参考软件"文字帮助"中的相关内容。以下内容选自软件"文字帮助":

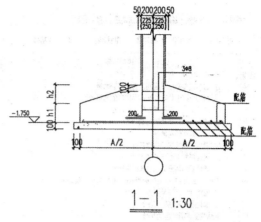

图 2-118　柱基础插筋弯折信息示意

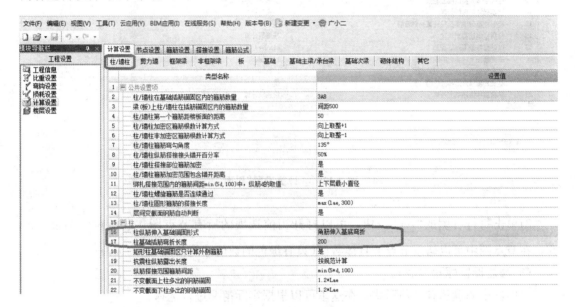

图 2-119　柱基础插筋"计算设置"界面

在"计算设置"页面,可以对当前工程计算方面的设置进行修改。

"计算设置"模块有以下内容:"计算设置""节点设置""箍筋设置""搭接设置""箍筋公式"。

"计算设置"模块的内容可以导入或导出,方便其他工程使用。

(1)计算设置(图2-120)。

1)针对不同的构件类型可以进行不同的设置;

2)恢复:可以把当前页面中的设置恢复到系统默认状态;

3)可以将设置好的规则导出,在今后相似的工程中导入;

4)针对计算设置,系统提供了"平法学习"浮动窗口,方便用户了解当前构件的基本算法和逐条计算设置的来源、影响范围、说明;通过该文档学习平法,了解系统的计算设置。

(2)节点设置(图2-121)。

1)根据平法图集中的节点图,系统可以根据需要进行调整;

图 2-120 "计算设置"界面

2)单击每行右侧的"…"按钮,可以打开当前选项的所有节点图,选择对应的节点图后,在节点图中可以修改节点的具体数值(只有绿色的数值才能修改)。

(3)箍筋设置(图 2-122)。

1)构件中的箍筋有多种形式,在这里可以根据实际情况进行选择;

2)单击"…"按钮后,在弹出的对话框中选择需要的箍筋样式,单击"确定"按钮即可。

(4)搭接设置(图 2-123)。

1)针对不同的钢筋级别和钢筋直径,可以调整搭接形式和定尺长度;

2)支持输入 500~5 000 000 的整数(为解决业务上不计算搭接的情况,最大值放开到 5 000 m)。

(5)箍筋公式。

1)针对不同的箍筋类型,可以设置箍筋的计算公式;

2)在下拉列表中选择箍筋类型;

3)可以对双肢箍和单肢箍的长度进行调整;

4)当前工程汇总计算后,不需要输入箍筋时,可以通过勾选"是否输出"来实现;

5)在 16G 规则下,箍筋的计算公式已经根据最新的保护层定义进行了修改,可满足实际新平法工程的需要。

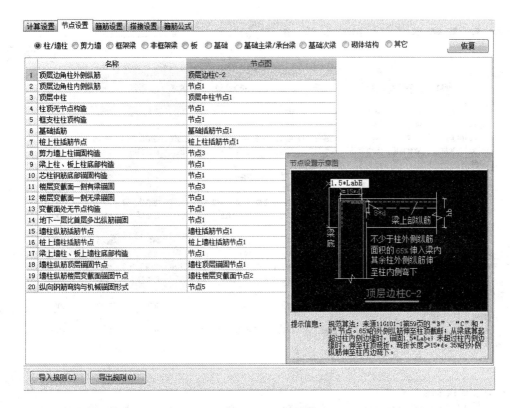

图 2-121 "节点设置"界面

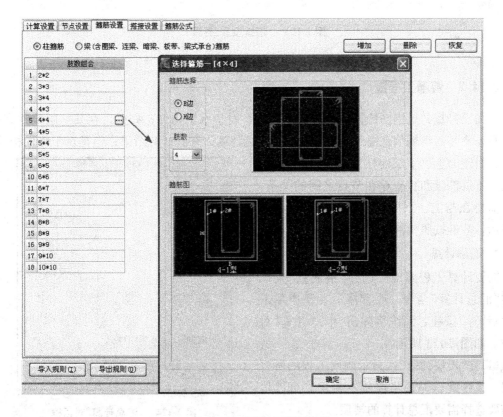

图 2-122 "箍筋设置"界面

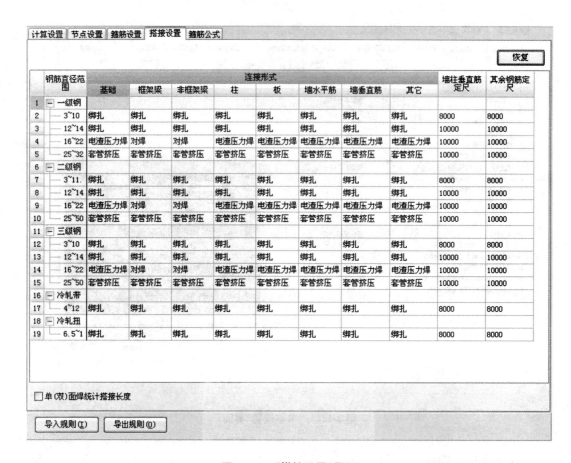

图 2-123 "搭接设置"界面

2.14.2 查看工程量

前面已经提到过钢筋计算结果查看的原则。对于水平构件，如梁，在某一层绘制完毕后，只要支座和钢筋信息输入完成，就可以汇总计算，查看计算结果；但是对于竖向构件，如柱，由于与上、下层的柱存在搭接的关系，与上、下层的梁和板也存在节点之间的关系，所以需要在与上、下层相关联的构件都绘制完毕后，才能按照构件关系准确计算。

1. 汇总计算

需要计算工程量时，选择"钢筋量"菜单中的"汇总计算"命令，或者在工具条中单击"汇总计算"按钮，系统将弹出"汇总计算"对话框，如图2-124所示。

（1）在"楼层列表"区显示当前工程的所有楼层，系统默认勾选当前所在楼层，可以根据需要选择需要汇总计算的楼层。

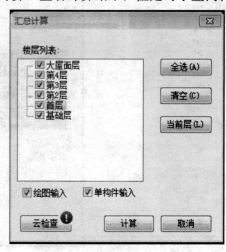

图 2-124 "汇总计算"对话框

(2)全选:可以选中当前工程中的所有楼层。

(3)清空:全部不选。

(4)当前层:只汇总当前所在楼层。

(5)绘图输入:勾选"绘图输入"选项,表示只汇总绘图输入方式下构件的工程量。

(6)单构件输入:勾选"单构件输入"选项,系统只汇总单构件输入方式下的工程量;若"绘图输入"和"单构件输入"全部勾选,则工程中所有构件都进行汇总计算。

选择需要汇总计算的楼层,单击"计算"按钮,系统将开始计算并汇总选中楼层构件的钢筋量,计算完毕,系统将弹出"计算汇总"对话框,如图2-125所示。

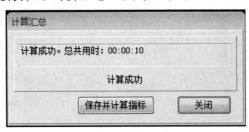

图 2-125 "计算汇总"对话框

2. 查看构件钢筋计算结果

计算完毕后,可以采用以下几种方式查看计算结果和汇总结果:

(1)查看钢筋量:在"钢筋量"菜单中选择"查看钢筋量"命令或者在工具栏中单击"查看钢筋量"按钮,然后选择需要查看钢筋量的图元,可以单击鼠标选择一个或者多个图元,也可以拉框选择多个图元,显示所有图元的钢筋计算结果。

(2)需要查看不同类型构件的钢筋量时,可以使用"批量选择"功能,按F3键或者在工具栏上单击"批量选择"按钮,选择对应构件。

选择"查看钢筋量"命令,弹出"查看钢筋量表"对话框。表中列出所有柱和梁的钢筋计算结果,按照级别和直径列出,并列出合并计算的钢筋量。

3. 编辑钢筋

要查看单个图元钢筋计算的具体结果,可以使用"编辑钢筋"功能,下面以首层①轴和Ⓐ轴上的KZ-1为例介绍使用"编辑钢筋"功能查看计算结果的方法。

在"钢筋量"菜单中选择"编辑钢筋"命令,或者在工具栏中单击"编辑钢筋"按钮,然后选择KZ-1图元,在绘图区下方显示"编辑钢筋"列表。

"编辑钢筋"列表中从上到下依次列出KZ-1的各类钢筋的计算结果,包括钢筋信息(直径、级别、根数等)、每根钢筋的图形和公式,并且对公式进行描述,可以清楚地看到计算过程。

2.14.3 报表预览

需要查看构件钢筋的汇总量时,可通过"汇总报表"部分来实现。单击导航栏中的"报表预览"按钮,切换到报表界面,再单击"设置报表范围"按钮,系统将弹出"设置报表范围"对话框,如图2-126所示。

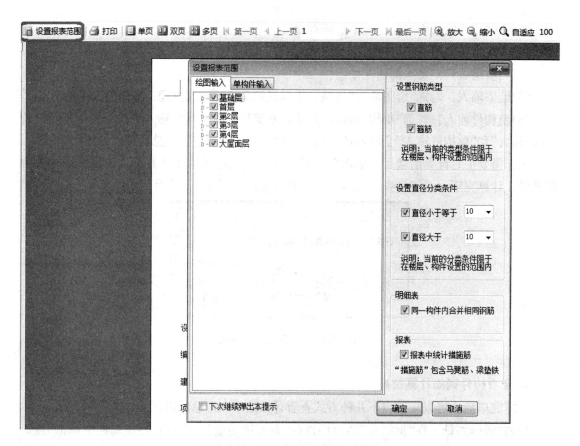

图 2-126 "设置报表范围"对话框

（1）设置楼层，选择构件范围：选择需要查看、打印哪些层的哪些构件，勾选要输出的内容即可。

（2）设置钢筋类型：选择要输出的是直筋、箍筋还是直筋和箍筋一起输出，勾选要输出的内容即可。

（3）设置直径分类条件：根据定额子目来设定，例如，定额设置了直径 10 mm 以内和直径 10 mm 外的子目，就需要选择直径小于等于 10 mm 和直径大于 10 mm。选择方法是勾选相应的直径类型并选择直径大小。

（4）同一构件内合并相同钢筋：同一构件内如果有形状、长度相同的钢筋，在输出时不希望同样的钢筋多次出现时，可勾选该选项。

"设置报表范围"对话框中还有"单构件输入"页签，界面与此相同，使用方法相同，用来设置需要打印预览的单构件部分的构件。

对这两部分设置完毕后，单击"确定"按钮，报表将按照所作的设置显示输出打印。在"报表预览"模块，系统提供了多种报表形式供查看和打印，如图 2-127 所示。

2.14.4 文件导出

单击左侧导航栏中的"报表预览"按钮，在树状目录中选中要导出的钢筋信息表，在菜单中选择"导出"→相关命令，把当前报表导出到 Excel 文件，如图 2-128 所示。

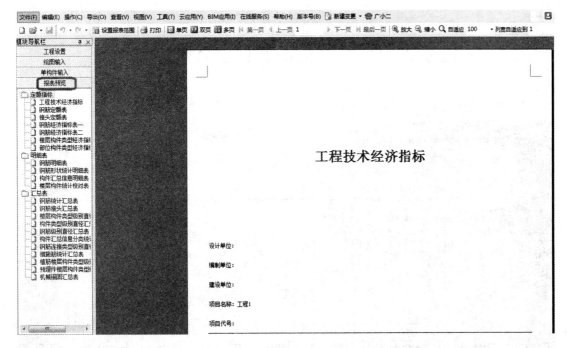

图 2-127 "报表预览"界面

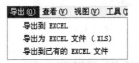

图 2-128 "导出"菜单

（1）导出到 Excel：将当前报表导出到 Excel 中，并用 Excel 打开，需要在 Excel 中执行保存。

（2）导出为 Excel 文件：将当前报表导出为 Excel 文件，直接保存成 Excel 文件，不打开。保存完毕系统提示如图 2-129 所示。

图 2-129 报表导出成功提示对话框

导出的文件名默认为"工程名称－当前报表名称"，可修改。

（3）导出到已有的 Excel 文件：将当前报表导出到已有的 Excel 文件中，选择该命令后系统提示选择已有的 Excel 文件，单击"保存"按钮，系统提示报表导出成功。

任务 2.15　1 号楼钢筋算量软件三维图

1 号楼钢筋算量软件三维图如图 2-130、图 2-131 所示。

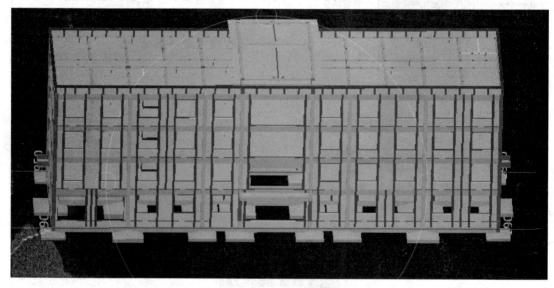

图 2-130　正立面

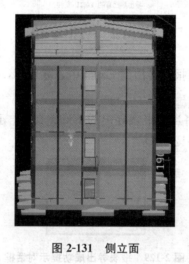

图 2-131　侧立面

项目小结

通过对工程实例 1 号楼工程图纸的分析和绘制，介绍使用广联达 BIM 钢筋算量软件 GGJ2013 进行钢筋算量的大概流程和一般方法。按照工程建立和构件绘制的顺序，讲解了主要构件的定义和绘制,并在中间穿插了软件功能的介绍,目的是通过实际工程的讲解,使学生掌握用软件做工程的一般流程和软件的基本思想及基本功能。在学习和练习中,可以参照软件"文字帮助"中的相关内容,逐步掌握软件,更好地辅助钢筋算量工作。

技能训练

1. 将1号楼首层①轴×Ⓐ轴 KZ-1 的钢筋总质量及各直径钢筋质量记录在表2-2中。

表2-2 首层①轴×Ⓐ轴 KZ-1 的钢筋量

构件名称	钢筋总质量/kg	HPB300	HRB335
		10 mm	20 mm

2. 将1号楼基础层 DJ-1、DJ-3 的钢筋总质量及各直径钢筋质量记录在表2-3中。

表2-3 基础层 DJ-1、DJ-3 的钢筋量

构件名称	钢筋总质量/kg	HRB335
		12 mm

3. 将1号楼二层 KL-1 的钢筋总质量及各直径钢筋质量记录在表2-4中。

表2-4 二层 KL-1 的钢筋量

构件名称	钢筋总质量/kg	HPB300		HRB335				
		6 mm	8 mm	14 mm	18 mm	20 mm	22 mm	25 mm

4. 将1号楼三层 L-3 的钢筋总质量及各直径钢筋质量记录在表2-5中。

表2-5 三层 L-3 的钢筋量

构件名称	钢筋总质量/kg	HPB300	HRB335	
		8 mm	16 mm	20 mm

项目 3　广联达土建算量软件 GCL2013 的应用

内容提要

工程实例 1 号楼为四层框架结构，独立基础，施工图见本书所附工程图纸。施工组织设计规定：现浇构件混凝土采用现浇混凝土；现浇构件模板为木模板，木支撑；建筑物场地土类别为三类土，施工采用人工挖土。根据《辽宁省建筑工程计价办法》(2008)、《辽宁建筑工程消耗量定额》(2008)和《建设工程工程量清单计价规范》(GB 50500—2013)，利用广联达 BIM 土建算量软件 GCL2013 来完成。

任务描述

1. 掌握在土建算量软件中新建工程，导入钢筋算文件，对基础、梁、板、柱等构件进行属性定义并套取清单和定额子目，选取或编辑相应子目工程量代码的方法。

2. 能够根据实例施工图，进行楼地面、墙柱面、天棚、踢脚线等构件的属性定义并套取其清单子目和定额子目，选取或编辑相应子目的工程量代码并绘图。

3. 掌握室外构件、楼梯及基础土方的定义并套取其清单子目和定额子目，选取或编辑相应子目的工程量代码并绘图。

任务 3.1　了解土建算量软件的计算思路

3.1.1　算量软件计算什么量

算量软件能够计算的工程量包括：土石方工程量、砌体工程量、混凝土及模板工程量、屋面工程量、天棚及楼地面工程量、墙柱面工程量。

3.1.2　算量软件是如何算量的

算量软件并没有完全抛弃手工算量，实际上，算量软件是将手工算量的思路完全内置在软件中，只是将过程利用软件实现，依靠已有的计算扣减规则，利用计算机这个高效的运算工具，快速完整地计算出所有的细部工程量，如图 3-1 所示。

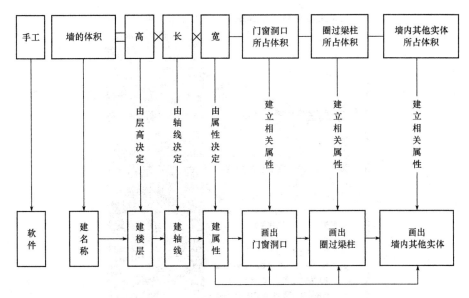

图 3-1　手工算量与软件算量的关系

任务 3.2　工程实例 1 号楼工程建立

启动软件，在软件中新建工程，导入该楼的钢筋文件，分层对柱、梁、板等建筑构件进行属性定义，并套取清单子目和定额子目，选取和编辑相应子目的工程量代码。

3.2.1　启动软件

启动软件的方法有以下两种：
(1)双击桌面上的"广联达 BIM 土建算量软件 GCL2013"快捷图标，如图 3-2 所示。

图 3-2　"广联达 BIM 土建算量软件 GCL2013"快捷图标

(2)执行"开始"→"广联达建设工程造价管理整体解决方案"→"广联达 BIM 土建算量软件 GCL2013"命令，如图 3-3 所示。

3.2.2　新建工程

可利用"新建向导"命令建立工程，或者单击"打开工程"按钮可以打开以前做过的工程，"视频帮助"命令下是一些功能的使用方法介绍。

单击"新建向导"按钮，直接进入新建工程向导对话框，系统将引导用户进入广联达图形工程量计算界面，如图 3-4 所示。

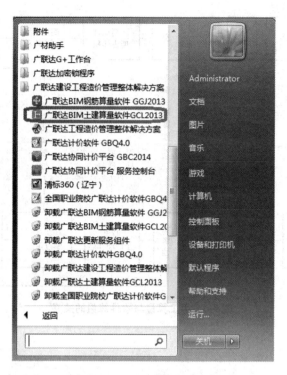

图 3-3　启动广联达 BIM 土建算量软件 GCL2013

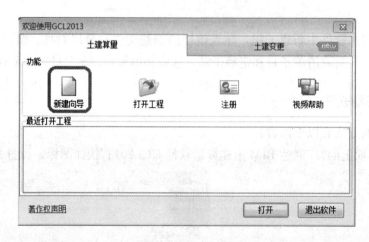

图 3-4　新建向导

第一步　输入工程名称：工程实例 1 号楼（建议输入"自己的名字＋学号"，以方便查找）。

第二步　选择计算规则：清单规则选择"辽宁省建筑工程清单计算规则（2008）"，定额规则选择"辽宁省建筑工程消耗量定额计算规则（2008）"。

第三步　选择清单库和定额库："清单库"选择"工程量清单项目设置规则（2008-辽宁）"，"定额库"选择"辽宁省建筑工程消耗量定额（2008）"。

说明：如果不做清单计价，只做定额计价，那么只需要选择定额规则和定额库，而不需要选择清单规则和清单库。

第四步　选择做法模式：系统提供纯做法模式和工程量表模式两种模式。选择纯做法模式,然后单击"下一步"按钮,如图 3-5 所示。

说明:纯做法模式需要自行添加需要计算的工程量和选择对应的工程量代码(即计算规则)。工程量表模式是系统已经内置了整个工程需要计算的工程量和对应的工程量代码,适用于预算的初学者,可以防止漏套定额或者漏算工程量。

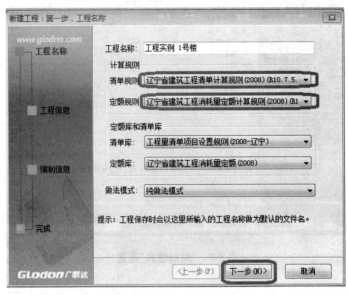

图 3-5 "工程名称"设置

第五步 输入室外地坪相对±0.000 标高,本工程输入"-0.45",如图 3-6 所示。对话框中的黑色字体内容只起到标识的作用,对工程量计算没有任何影响,可以输入也可以不输入相关内容,输入完毕后单击"下一步"按钮。

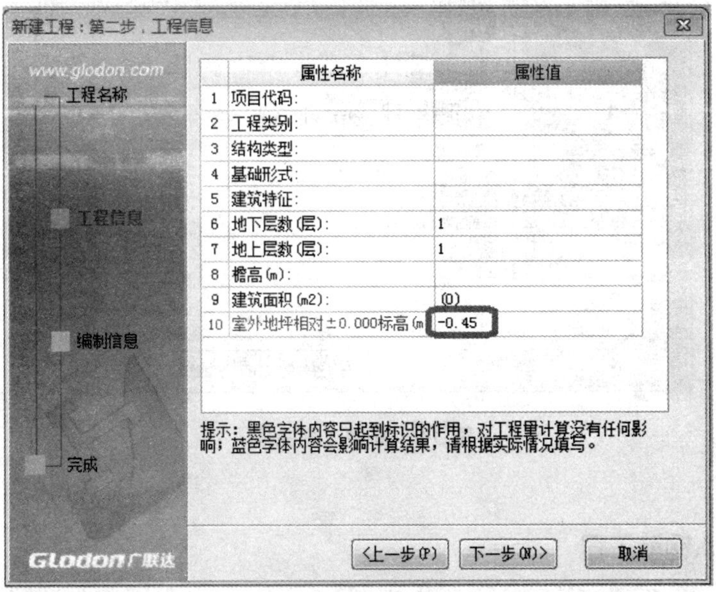

图 3-6 "工程信息"设置

第六步 "编制信息"页面的内容只起标识作用,不需要进行输入,直接单击"下一步"按钮,如图 3-7 所示。

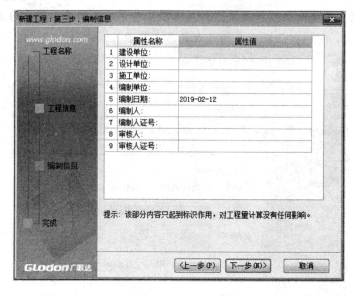

图 3-7 "编制信息"设置

第七步 确定输入的所有信息没有错误,单击"完成"按钮,即可完成新建工程的操作,如图 3-8 所示。

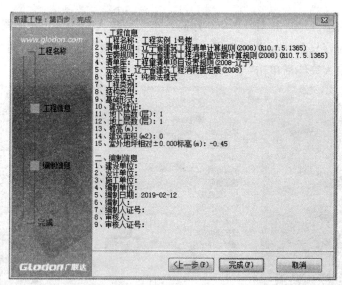

图 3-8 新建工程完成

3.2.3 导入钢筋工程

1. 具体步骤

第一步 在"文件"菜单中选择"导入钢筋(GGJ)工程"选项,如图 3-9 所示。

图 3-9 "文件"菜单

第二步 选择钢筋 GGJ2013 文件,当前工程与导入工程的楼层编码、楼层高度必须一致。当楼层高度不一致时,会弹出图 3-10 所示的对话框。

图 3-10 楼层高度不一致时的提示对话框

第三步 单击"确定"按钮后,系统会弹出"层高对比"对话框,如图 3-11 所示,一般单击"按钢筋层高导入",弹出"导入 GGJ 文件"对话框。

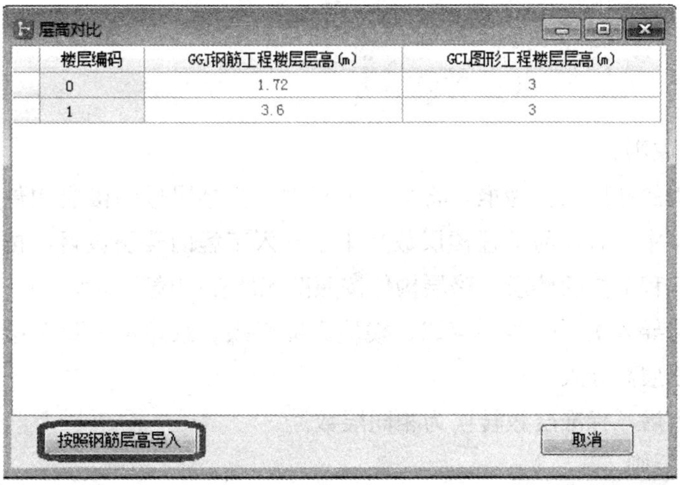

图 3-11 "层高对比"对话框

第四步 在"导入 GGJ 文件"对话框中选择要导入的楼层以及要导入的构件,在构件列表中可以选择导入后构件的类型,如图 3-12 所示。

· 95 ·

图 3-12 "导入 GGJ 文件"对话框

第五步 单击"确定"按钮，系统将弹出图 3-13 所示的提示对话框，则所选择的楼层和构件按照相应的原则导入 GCL2013 软件中，最后切换到绘图输入界面即可看到从钢筋工程中导入的构件。

图 3-13 导入完成提示对话框

2. 导入原则

(1)楼层导入原则。

1)以导入工程的楼层划分为准，将导入工程中对应楼层号的楼层构件及构件图元导入当前工程对应楼层中。若当前工程楼层数目小于导入工程的楼层数目，按导入工程的楼层数自动建立当前工程缺少的楼层，跨层构件按照图元所在的楼层导入。

2)当前工程与导入工程的楼层编码、楼层高度必须一致，不一致会给出提示信息进行调整，可以按钢筋层高导入。

3)标准层导入后，标准层数转换为相同层数。

(2)标高导入原则。

1)导入图形后，首层标高取导入工程信息中的"首层结构标高"信息值，例如，钢筋工程中"首层地面结构标高(m)"为 -0.45，则导入 GCL2013 中，首层底标高为 -0.45。

2)所有导入的构件和图元的标高均以表达式表示。即层顶或层底，层顶(底)±数值。

说明：这里包括钢筋工程构件中图元标高默认情况，也包括标高不默认、手动修改的情况。

(3)构件导入原则。

1)构件属性导入原则如下：

①若当前工程对应的构件属性与导入工程中对应的构件属性及属性值均相同，则取导入工程的构件属性；若属性相同，而属性值不同，则属性取导入工程的构件属性，属性值取当前工程的构件属性默认值。

②若当前工程对应的构件属性与导入工程对应的构件属性不同，则取当前工程对应的构件属性，属性值取当前工程构件属性默认值。

2)当工程模式为量表模式时，若构件对应的有默认量表，则导入构件均自动取默认量表。

(4)图元导入原则。

1)线性构件折线形图元导入后自动在折线处打断；高度不同的墙图元，在相交处打断；变截面梁在变截面处自动打断，并自动反建构件，图元名称为"原名称-序号"。

2)附属构件图元需要共同导入，否则附属图元不予导入。例如，门窗洞附属在墙图元上，若只导入门窗洞，而未导入墙图元，则门窗洞不予导入。

3)当前工程已有构件图元时，若再次导入钢筋工程对应楼层的构件图元，则系统给出提示，选择"是"删除同类构件图元后导入，选择"否"则保留原位置图元，同时导入新图元。

3.2.4 楼层设置

导入钢筋工程后，当前工程的楼层信息会默认钢筋的楼层信息，只需要修改首层底标高和基础层层高即可，因为一般结构标高和建筑标高有一定的差值。

3.2.5 计算设置与计算规则

算量软件中影响计算结果的内容主要有两个方面：一个是构件自身的计算方式，例如，通常所说的按照实体积计算和按照计算规则计算；另一个是构件相互之间的扣减关系。针对以上两个方面，GCL2013软件都作了优化，在计算设置中可以修改构件自身的计算方法；计算规则中列出了各种构件的扣减方法，可以进行修改。有些情况下，某些构件的计算规则是有争议的，计算规则放开后进行调整或修改很方便，另外，计算规则放开也有利于更好地理解软件的计算。

任务 3.3 基础土方的定义及绘制

3.3.1 垫层

1. 垫层的定义

在导入钢筋工程后，基础是已经做好的，只需要补上基础垫层即可。垫层可分为点式矩形垫层、线式矩形垫层、面式垫层、集水坑柱墩垫层、点式异形垫层、线式异形垫层，一般采用面式垫层或线式矩形垫层进行绘制。

面式垫层的好处在于它能按照不同的基础底面积绘制出相应的垫层，能快速地布置完所有的基础，并且能默认不同的基础底标高。面式垫层一般适用于独立基础、桩承台、筏形基础三种类型的构件，线式矩形垫层适用于条形基础和梁构件。

分析1号楼图纸，在基础层需要布置垫层的构件有独立基础和地梁（在基础层界面下，单击左侧的模块导航栏，批量选择所有地梁，楼梯垫梁除外），下面分别以面式垫层和线式垫层为例进行讲解。

切换至基础层，新建面式垫层（图3-14），在属性编辑框中，"名称"为"独基垫层"，"材质"为"现浇混凝土"，"厚度"为"100"，"顶标高"默认为"基础底标高"，如图3-15所示。

选择独基垫层清单量：双击"构件列表"中的"独基垫层"，弹出独基垫层清单量输入窗口，如图3-16所示，独基垫层清单项目如图3-17所示。

使用同样的方法建立一个线式垫层，名称为基础梁垫层，套取清单和定额，并选择工程量代码。

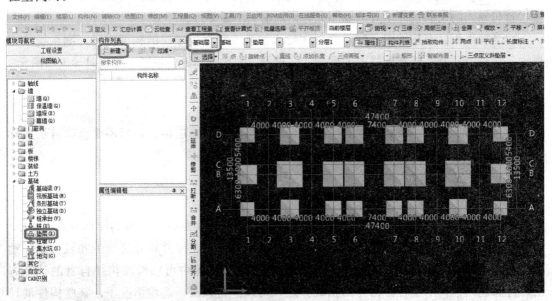

图3-14 新建面式垫层

图3-15 输入面层信息

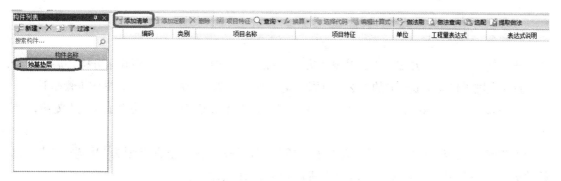

图 3-16　独基垫层清单量输入窗口

	类别	项目名称	项目特征	单位	工程量表达式	表达式说明	单价	综合单价	措施项目	专业
1	项	垫层: 1.混凝土种类:砾石、商品混凝土 2.混凝土强度等级C15	垫层: 1.混凝土种类:砾石、商品混凝土 2.混凝土强度等级C15	m3						建筑工程
2	定	砼垫层 砾石		m3	TJ	TJ<体积>	2181.45			土建
3	项	现浇混凝土独立基础组合钢模板木支撑	基础 1.模板类型:木模板 2.支撑模版材质:木支撑	m2						建筑工程
4	定	混凝土、钢筋混凝土模板及支架现浇混凝土模板 独立基础 混凝土 复合模板		m2			2932.71			土建

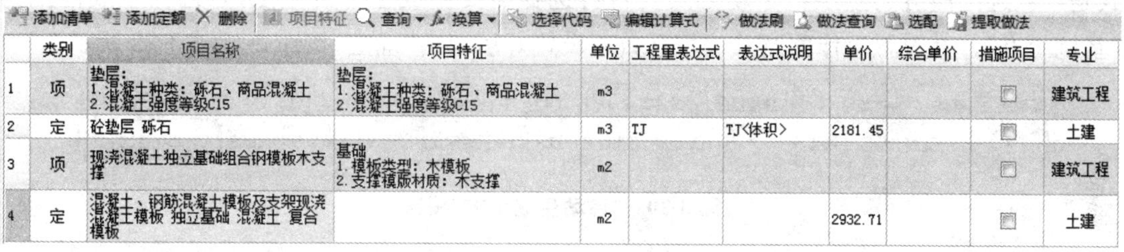

图 3-17　独基垫层清单项目

2. 垫层的绘制

下面以“智能布置”方法绘制垫层，操作步骤如下：

第一步　在构件列表中选择垫层，单击工具栏中的“智能布置”按钮，选择按独立基础梁/中心布置。

第二步　拉框选择所有基础，选择完成后，单击鼠标右键确认选择。

第三步　系统弹出“请输入出边距离”对话框，输入出边距离“100”，如图 3-18 所示，单击“确定”按钮。

第四步　所有基础均按基础的底面积及底标高布置了相应的垫层，可通过查看三维图检查布置是否正确，如图 3-19 所示。

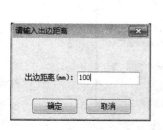

图 3-18　“请输入出边距离”对话框

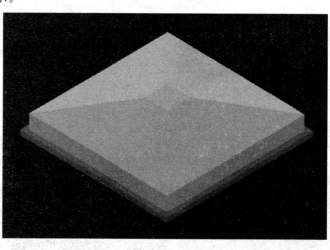

图 3-19　垫层三维图

3.3.2 土方

土方构件可分为大开挖土方、基槽土方、基坑土方三种。可以直接新建土方构件后进行绘制，系统提供了自动生成土方的方法，可以快速利用基础构件自动生成土方，操作步骤如下：

第一步 在模块导航栏列表中选择"垫层"，单击工具栏中的"自动生成土方"按钮，如图 3-20 所示。

第二步 系统弹出"请选择生成的土方类型"对话框，选择土方类型为"基坑土方"，起始放坡位置为"垫层顶"，单击"确定"按钮，如图 3-21 所示。

第三步 系统弹出"生成方式及相关属性"对话框，选择生成方式为"手动方式"（自动方式是默认选择所有的垫层，手动方式要自行选择需要生成土方的垫层），选择生成范围为"基坑土方"，并设置工作面宽及放坡系数，设置好后单击"确定"按钮，如图 3-22 所示。

图 3-20 "自动生成土方"按钮

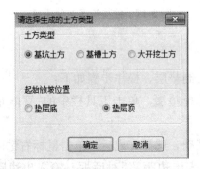

图 3-21 "请选择生成的土方类型"对话框

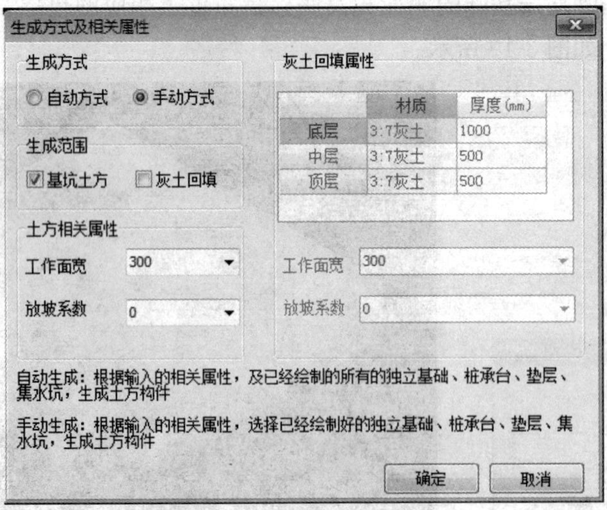

图 3-22 "生成方式及相关属性"对话框

第四步 单击"批量选择"按钮或使用快捷键 F3,弹出"批量选择"对话框,勾选"独基垫层"选项,单击鼠标右键结束,系统提示生成土方构件的数量及生成图元的数量,自动生成完毕,利用查看三维图检查布置是否正确,如图 3-23 所示。使用同样的方法生成基槽土方。

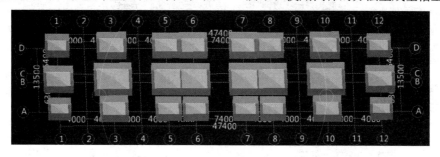

图 3-23 土方三维图

第五步 若生成土方构件后需要修改,可以切换到土方构件定义界面中修改。

对基坑土方套取清单和定额,并选择工程量代码,如图 3-24 所示。

	类别	项目名称	项目特征	单位	工程量表达式	表达式说明	单价	综合单价	措施项目	专业
1	项	人工挖土方三类土深度1.5m以内	基坑挖土方 1.土壤类别:三类土 2.挖土深度:1.3m 3.弃土运距:1KM以内	m3					☐	建筑工程
2	定	土方工程 人工挖土方 三类土 深度(1.5m)以内		m3			1148.92		☐	土建
3	定	人工土石方运输 人工运土方 运距20m以内		m3			538.56		☐	土建
4	项	回填土夯填	1.密实度要求:原图夯实、密实系数0.95	m3					☐	建筑工程
5	定	土石方回填 回填土 夯填		m3			1232.54		☐	土建

图 3-24 基坑土方做法表

说明:基础构件也提供"自动生成土方"功能,基础构件自动生成的土方底标高默认为基础底标高,并从基础构件增加工作面。在垫层构件自动生成的土方底标高默认为垫层底标高,并从垫层构件增加工作面。

任务 3.4 楼梯的定义及绘制

楼梯是实际工程中很常见的构件,在很多情况下,现浇混凝土楼梯是按照投影面积去算量的,可以不用细分踏步段和休息平台,只需要利用楼梯构件将楼梯所占范围绘入系统中即可。有些情况下,需要详细计算楼梯各组成构件的工程量,此时就需要将梯段、休息平台等构件都绘入系统。

3.4.1 楼梯的定义

以工程实例 1 号楼首层楼梯为例,定义参数化楼梯。新建参数化楼梯,如图 3-25 所示,系统弹出"选择参数化图形"对话框,如图 3-26 所示,选择"直行单跑"参数图,单击"确定"按钮，进入"编辑图形参数"界面，如图3-27所示，根据图纸输入相应参数，保存后退出即可。

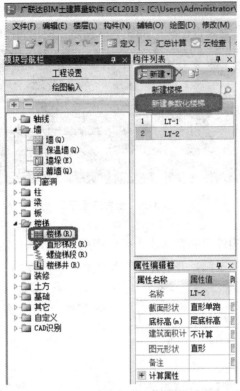

图3-25 新建参数化楼梯

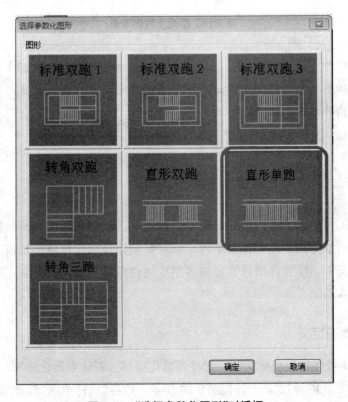

图3-26 "选择参数化图形"对话框

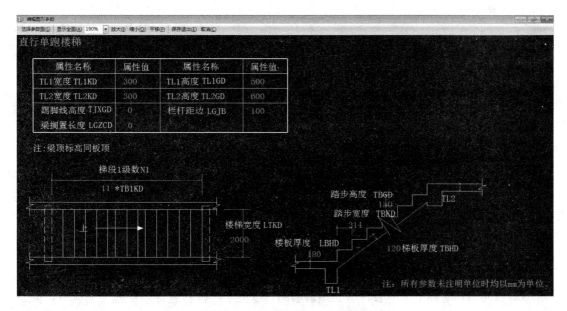

图 3-27 "编辑图形参数"界面

套取清单和定额,并选择工程量代码,如图 3-28 所示。

图 3-28 楼梯部分做法表

3.4.2 楼梯的绘制

绘制参数化楼梯时可以使用"点"或者"旋转点"命令来布置。若在使用"点"或者"旋转点"命令布置楼梯时,位置不能直接定位,可以先把楼梯画在绘图区域中,然后再结合"移动""旋转""镜像"等命令修改楼梯的位置,如图 3-29 所示。

图 3-29 参数化楼梯三维效果图

任务 3.5 建筑部分套取清单和定额

3.5.1 墙

1. 属性定义

墙可分为混凝土墙、砌体墙、填充墙、挡土墙、虚墙、间壁墙、电梯井壁墙 7 种类型。选择不同类别的墙，计算的扣减关系会不一样。

（1）间壁墙：只能作为内墙，计算间壁墙时，高度自动算至梁底或板底。间壁墙与其他墙的区别在于它与地面抹灰、块料等处的扣减关系。间壁墙对房间中的地面装修工程量应有影响，地面装修工程量应算至间壁墙中心线。

（2）填充墙：实际施工中会在墙上预留墙洞，以便于运输材料等，在施工完成后，需要将墙洞用填充墙封上。

（3）虚墙：不参与其他构件的扣减，本身也不计算工程量，主要用于分割和封闭空间。

按实际工程选择对应的墙体材质（如工程实例 1 号楼，类别为砌体墙，材质为陶粒空心砌块）。导入钢筋文件后，软件会自动区分内、外墙，可以切换到绘图界面输入查看。区分内、外墙后，可以在绘制内、外墙装修图的时候快速进行布置。

2. 套取清单和定额

定义完属性后，单击鼠标选择构件（200 内墙），然后在右边的"构件做法"页面中单击"添加清单"按钮，可以直接在编码处输入清单编码，也可以在"匹配清单"栏中直接双击需要套取的清单，匹配功能是系统针对不同类型的构件将可能涉及的清单放到相应的匹配栏中，以方便直接查找。匹配还分为"按构件类型过滤"和"按构件属性过滤"两种，如图 3-30 所示。

根据工程实例 1 号楼建筑总说明（附图 1 和附图 2），直接在匹配清单或清单库中双击需要套取的清单，同时，在每条清单下套取相应的定额；在措施项目列表中勾选脚手架的清单及定额，区别了措施项目后，在报表中预览系统会自动区分实体项目及措施项目的报表。

3. 工程量表达式和工程量代码

套取了清单和定额后，需要在"工程量表达式"中选择对应的工程量代码，一般系统会自动默认（如套取的清单实心砖墙和定额混水砖墙，默认的工程量代码均为体积）。工程量代码的意义在于汇总计算后，在报表的汇总结果中，系统是按照所选择的工程量代码进行汇总工程量的，如果需要更改清单和定额的工程量代码，可以单击插入修改，操作步骤如下：

第一步 单击清单或者定额的"工程量表达式"列，单击插入符号。

第二步 系统弹出"选择工程量代码"对话框，在"工程量代码"列中直接双击需要选择的工程量代码，如图 3-31 所示。

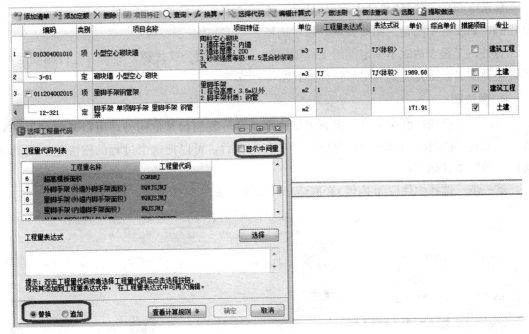

图 3-30 做法套取界面

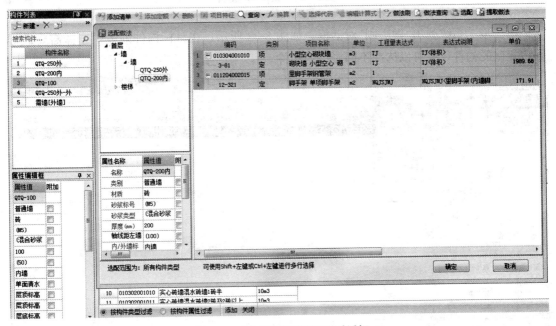

图 3-31 "选择工程量代码"对话框

第三步 在工程量表达式中，确认选取的工程量代码后，单击"确定"按钮。

在"选择工程量代码"对话框中，还有以下相应的功能键：

查看计算规则：单击打开后，鼠标单击到相应的工称量代码，会给出工程量代码的计算规则及计算时的扣减关系；

替换/追加：选择"追加"选项后，可以选择多个工程量代码累加计算工程量；

显示中间量：选择"显示中间量"选项，系统会在工程量代码的列表中显示大量的中间量代码，如一些中间量的扣减关系，以供选择。

另外，工程表达式不一定使用工程量代码，也可以用公式代替，并可以进行四则运算，系统还提供参数图元公式和图形计算公式两种计算方法。

4. 做法刷

可以把当前构件套用清单和定额做法全部或部分复制到其他构件，可以复制到不同的楼层，如构件（陶粒空心砌块），套取完清单和定额后，可以把这个过程的做法复制到其他构件，操作步骤如下：

第一步 选择构件（200 内墙）套取清单和定额，如图 3-32 所示，单击"做法刷"按钮。

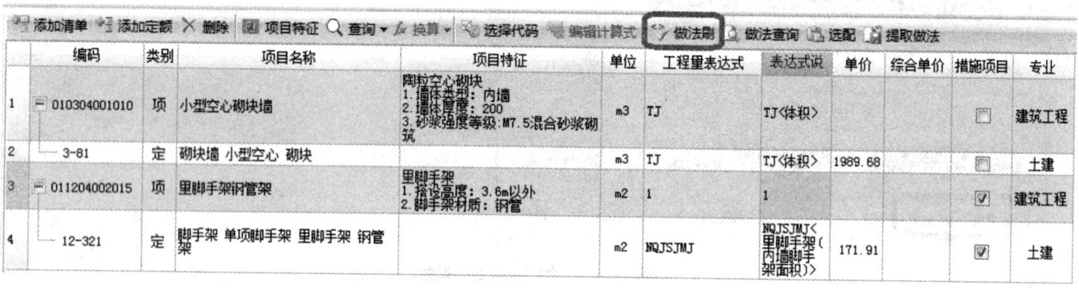

图 3-32 "做法刷"按钮

第二步 系统弹出"做法刷"对话框，如图 3-33 所示，在目标构件列表中选择需要进行做法复制的构件，并可以选择不同楼层的构件。

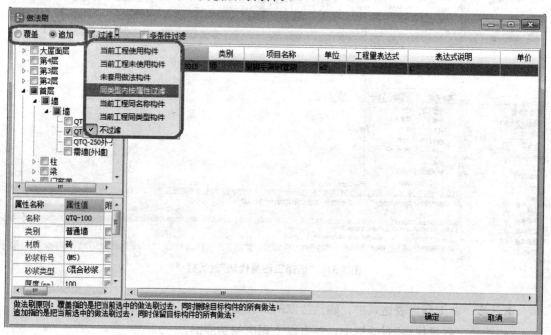

图 3-33 "做法刷"对话框

第三步 勾选需要复制做法的构件后，在做法预览区会提示相应的清单和定额，确认无误后,单击"确定"按钮。

说明:做法预览区默认显示目标构件列表中焦点处构件的所有做法。勾选后新增做法行及覆盖做法行均高亮显示;取消勾选后,还可以恢复到以前的显示。另外,做法刷还提供"覆盖""追加""过滤""多条件过滤"功能。

覆盖:把当前选中的做法刷过去,同时删除目标构件的所有做法。

追加:把当前选中的做法刷过去,同时保留目标构件的所有做法。

过滤:快速地把本楼层或者其他楼层需要套用相同做法的构件筛选出来。

5. 选配

从其他构件中复制做法到当前构件,如构件(200 内墙)已经套取完清单和定额,构件(250 外墙)需要套取相同或者部分相同的清单和定额,可以利用选配功能,操作步骤如下:

第一步 单击构件(250 外墙),单击"选配"按钮,如图 3-34 所示。

	编码	类别	项目名称	项目特征	单位	工程量表达式	表达式说明	单价	综合单价	措施项目	专业
1	010304001010	项	小型空心砌块墙	陶粒空心砌块 1.墙体类型:内墙 2.墙体厚度:200 3.砂浆强度等级:M7.5混合砂浆砌筑	m3	TJ	TJ<体积>			□	建筑工程
2	3-81	定	砌块墙 小型空心 砌块		m3	TJ	TJ<体积>	1989.68		□	土建
3	011204002015	项	里脚手架钢管架	里脚手架 1.搭设高度:3.6m以外 2.脚手架材质:钢管	m2	1	1			☑	建筑工程
4	12-321	定	脚手架 单项脚手架 里脚手架 钢管架		m2	NQJSJMJ	NQJSJMJ<里脚手架(内墙脚手架面积)	171.91		☑	土建

图 3-34 "选配"按钮

第二步 系统弹出"选配做法"对话框,从目标构件列表中选择需要进行提取做法操作的构件,并可以选择不同类型各楼层的构件,但只能选择一个构件,如图 3-35 所示。

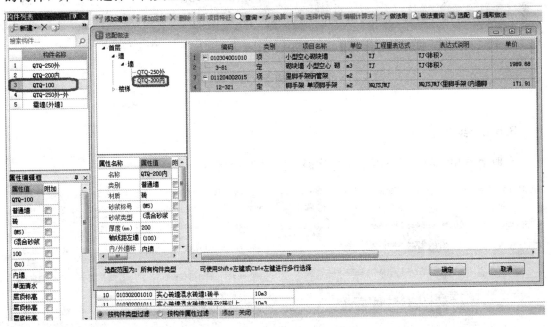

图 3-35 "选配做法"对话框

第三步 在做法预览区选择需要选取的清单和定额，单击"确定"按钮。在选取清单和定额做法时，可以使用"Shift＋鼠标左键"或"Ctrl＋鼠标左键"组合键进行多行选择。

3.5.2 柱

1. 框架柱

套取清单和定额，并选择工程量代码，如图 3-36 所示。

	编码	类别	项目名称	项目特征	单位	工程量表	表达式说明	单价	综合单价	措施项目	专业
1	010402001002	项	现浇砼矩形柱现场砼	矩形柱 1.砼种类：现浇混凝土 2.砼强度等级：C30	m3	TJ	TJ〈体积〉				建筑工程
2	4-24	定	现浇混凝土柱 现浇砼 矩形柱 现场砼		m3	TJ	TJ〈体积〉	2619.38			土建
3	011201001051	项	现浇混凝土矩形柱复合模板木支撑	矩形柱 1.模板材质复合模板 2.模板支撑材质：木模 3.支撑高度：3.6m以上	m2	MBMJ	MBMJ〈模板面积〉				建筑工程
4	12-51	定	混凝土、钢筋混凝土模板及支架现浇混凝土模板矩形柱 复合模板 木支撑		m2	MBMJ	MBMJ〈模板面积〉	3072.34			土建
5	12-58	定	混凝土、钢筋混凝土模板及支架现浇混凝土模板支撑高度超过3.6m每增加1m 木支撑		m2	CGMBMJ	CGMBMJ〈超高模板面积〉	273.22			土建

图 3-36 框架柱做法表

2. 构造柱

套取清单和定额，并选择工程量代码，如图 3-37 所示。

	编码	类别	项目名称	项目特征	单位	工程量表	表达式说明	单价	综合单价	措施项目	专业
1	010402001004	项	现浇砼构造柱现场砼	构造柱 1.砼种类：现浇混凝土 2.砼强度：C25	m3	TJ	TJ〈体积〉				建筑工程
2	4-26	定	现浇混凝土柱 现浇砼 构造柱 现场砼		m3	TJ	TJ〈体积〉	2728.38			土建
3	011201001051	项	现浇混凝土矩形柱复合模板木支撑	构造柱 1.模板材质：复合模板 2.模板支撑材质：木支	m2						建筑工程
4	12-51	定	混凝土、钢筋混凝土模板及支架现浇混凝土模板矩形柱 复合模板 木支撑		m2			3072.34			土建

图 3-37 构造柱做法表

3.5.3 梁

套取清单和定额，并选择工程量代码，如图 3-38 所示。

	编码	类别	项目名称	项目特征	单位	工程量表	表达式说明	单价	综合单价	措施项目	专业
1	010403002002	项	现浇砼单梁连续梁现场砼	单梁砼 1.砼种类：现浇 2.砼等级：C30	m3	TJ	TJ〈体积〉				建筑工程
2	4-34	定	现浇混凝土梁 矩形梁 现浇砼 单梁连续梁 现场砼		m3	TJ	TJ〈体积〉	2519.39			土建
3	011201001066	项	现浇混凝土单梁、连续梁复合模板木支撑	单梁 1.模板材质：复合模板 2.模板支撑材质：木模板	m2	MBMJ	MBMJ〈模板面积〉				建筑工程
4	12-66	定	混凝土、钢筋混凝土模板及支架现浇混凝土模板单梁、连续梁 复合模板 木支撑		m2	MBMJ	MBMJ〈模板面积〉	3988.78			土建

图 3-38 梁做法表

3.5.4 过梁

套取清单和定额,并选择工程量代码,如图 3-39 所示。

图 3-39 过梁做法表

3.5.5 板

套取清单和定额,并选择工程量代码,如图 3-40 所示。

图 3-40 板做法表

3.5.6 基础

1. 独立基础

套取清单和定额,并选择工程量代码,如图 3-41 所示。

图 3-41 独立基础做法表

基础的清单和定额必须在基础单元中套取,因为所有的截面尺寸信息都在基础单元中,如果在总名称中套取清单和定额,会无法计算出工程量。

2. 基础梁

套取清单和定额,并选择工程量代码,如图 3-42 所示。

	编码	类别	项目名称	项目特征	单位	工程量表	表达式说明	单价	综合单价	措施项目	专业
1	010403001002	项	现浇砼基础梁现场砼	基础梁 1.砼种类：现浇 2.砼强度等级：C30	m3	TJ	TJ<体积>			□	建筑工程
2	4-32	定	现浇混凝土梁 现浇砼 基础梁 现场砼		m3	TJ	TJ<体积>	2449.19			土建
3	011201001062	项	现浇混凝土基础梁复合模板木支撑		m2					□	建筑工程
4	12-62	定	混凝土、钢筋混凝土模板及支架/现浇混凝土模板基础梁复合模板 木支撑		m2	MBMJ	MBMJ<模板面积>	3126.41			土建

图 3-42 基础梁做法表

任务 3.6 装修的定义及绘制

本工程实例的装修共分为五部分，即楼地面、踢脚、墙面、天棚和吊顶。绘制时每个构件均可以单独绘制，但一般利用"依附构件"功能，把上述五部分装修内容有选择性地依附到房间内进行统一布置，可以快速提高绘图效率。

3.6.1 楼地面的定义

新建楼地面，名称为"地20"，块料厚度为0，套取清单或定额的步骤如图3-43所示，并选择工程量代码，如图3-44所示。

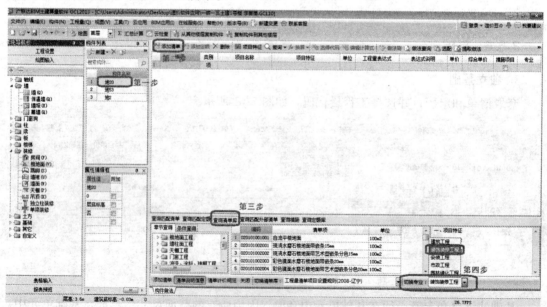

图 3-43 套取清单或定额的步骤

说明：项目名称可以直接修改，例如，直接把清单名称改为"防滑地砖地面"。另外，混凝土垫层定额工程量的单位是计算体积，但楼地面的工程量代码中只有计算面积的代码。因为设计说明中指出做"地20"，混凝土垫层的厚度为100[查看图纸"建施-02"工程做法表

	编码	类别	项目名称	项目特征	单位	工程量表达式	表达式说明	单价	综合单价	措施项目	专业
1	020102002023	项	陶瓷锦砖楼地面拼花	陶瓷地砖地面 1. 8-10厚地砖铺实拍平,水泥浆擦缝 2. 20厚1:4干硬性水泥砂浆 3. 素水泥浆结合层一遍 4. 素土夯实	m2					□	装饰装修工程
2	1-56	借	陶瓷锦砖楼地面拼花		m2			6395.82		□	装饰
3	9-28	定	找平层水泥砂浆 砼或硬基层上20mm		m2			742.71		□	土建
4	1-300	定	土石方回填 原土打夯					63.87			

图 3-44 "地 20"做法表

(附图 2)],那么可以直接使用工程代码×厚度求出混凝土垫层体积的工程量。特别指出,工程量表达式是可以进行四则运算的,但是尽量少用含加号和减号的运算方式。

新建楼地面,名称为"地 53",块料厚度为 0,套取清单和定额,并选择工程量代码,如图 3-45 所示。

	编码	类别	项目名称	项目特征	单位	工程量表达式	表达式说明	单价	综合单价	措施项目	专业
1	020102002023	项	陶瓷锦砖楼地面拼花	陶瓷地砖防水地面 1. 6-10厚地砖铺实拍平,水泥浆擦缝或1:1水泥砂浆填缝 2. 20厚1:4干硬性水泥砂浆 3. 1.5厚1:2水泥砂浆找平 4. 50厚C15细石混凝土找坡不小于0.5%,最薄处不小于30 5. 60或80厚C15混凝土 6. 素土夯实	m2					□	装饰装修工程
2	1-56	借	陶瓷锦砖楼地面拼花		m2			6395.82		□	装饰
3	9-21	定	楼地面工程 垫层 现浇砼垫层 不分格		m3	DMJ*0.08	DMJ<地面积>*0.08	2300.28		□	土建
4	9-28	定	找平层水泥砂浆 砼或硬基层上20mm		m2			742.71		□	土建
5	9-31	定	找平层细石砼 30mm		m2			960.65		□	土建
6	1-300	定	土石方回填 原土打夯		m2			63.87		□	土建

图 3-45 "地 53"做法表

新建楼地面,名称为"地 2",块料厚度为 0,套取清单和定额,并选择工程量代码,如图 3-46 所示。

	编码	类别	项目名称	项目特征	单位	工程量表达式	表达式说明	单价	综合单价	措施项目	专业
1	010903001001	项	水泥砂浆楼地面20mm	水泥砂浆地面 1. 20厚1:2水泥砂浆抹面压光 2. 素水泥浆结合层一遍 3. 60或80厚C15混凝土 4. 素土夯实	m2					□	建筑工程
2	9-36	定	整体面层 水泥砂浆楼地面 水泥砂浆 20mm 楼地面		m2			923.03		□	土建
3	9-21	定	楼地面工程 垫层 现浇砼垫层 不分格		m3	DMJ*0.08	DMJ<地面积>*0.08	2300.28		□	土建
4	1-300	定	土石方回填 原土打夯					63.87			

图 3-46 "地 2"做法表

新建楼地面,名称为"楼面 10",块料厚度为 0,套取清单和定额,并选择工程量代码,如图 3-47 所示。

	编码	类别	项目名称	项目特征	单位	工程量表达式	表达式说明	单价	综合单价	措施项目	专业
1	020102002022	项	陶瓷锦砖楼地面不拼花	陶瓷地砖楼面 1. 8-10厚地砖铺实拍平,水泥浆擦缝 2. 20厚1:4干硬性水泥砂浆 3. 素水泥浆结合层一遍 4. 钢筋混凝土楼板	m2					□	装饰装修工程
2	1-55	借	陶瓷锦砖楼地面不拼花		m2			5814.18		□	装饰
3	9-28	定	找平层水泥砂浆 砼或硬基层上20mm		m2			742.71		□	土建

图 3-47 "楼面 10"做法表

新建楼地面,名称为"楼面 27",块料厚度为 0,套取清单和定额,并选择工程量代码,如图 3-48 所示。

	编码	类别	项目名称	项目特征	单位	工程量表达式	表达式说明	单价	综合单价	措施项目	专业
1	020106002001	项	陶瓷地砖楼梯	陶瓷锦砖防水楼梯 1. 4-5厚地砖铺实拍平,水泥浆擦缝 2. 20厚1:4干硬性水泥砂浆 3. 1.5聚氨酯防水涂料,面撒黄砂,四周翻上墙150高。 4. 刷基层水处理剂 5. 15厚1:2水泥砂浆找平 6. 50厚C15细石混凝土找坡不小于0.5%,最薄处不小于30厚 7. 钢筋混凝土楼板	m2					□	装饰装修工程
2	5-280	借	1.5 聚氨酯防水涂料		m2			873.81		□	装饰
3	9-30	定	找平层水泥砂浆 每增减5mm		m2			153.8		□	土建
4	9-36	定	整体面层 水泥砂浆楼地面 水泥砂浆 20mm 楼地面		m2			923.03		□	土建

图 3-48 "楼面 27"做法表

3.6.2 踢脚的定义

新建踢脚,名称为"踢脚 27",块料厚度为 0,高度为"100",套取清单和定额,并选择工程量代码,如图 3-49 所示。

	编码	类别	项目名称	项目特征	单位	工程量表达式	表达式说明	单价	综合单价	措施项目	专业
1	020105003001	项	陶瓷地砖踢脚线	面砖踢脚 1. 17厚1:3水泥砂浆 2. 3-4厚1:1水泥砂浆加水重20%建筑胶镶贴 3. 8-10厚面砖,水泥浆擦缝	m2					□	装饰装修工程
2	1-128	借	面砖踢脚		m2			10131.83		□	装饰

图 3-49 "踢脚 27"做法表

说明:踢脚工程量代码中踢脚抹灰面积和踢脚块料面积的区别是,踢脚块料面积=踢脚抹灰面积+门窗侧壁面积。门窗侧壁面积跟门窗的框厚及门窗的立樘距离有关。

3.6.3 墙面的定义

新建内墙面,名称为"内墙 11",块料厚度为 0,套取清单和定额,并选择工程量代码,如图 3-50 所示。

	编码	类别	项目名称	项目特征	单位	工程量表达式	表达式说明	单价	综合单价	措施项目	专业
1	020204003041	项	面砖(水泥砂浆粘贴)周长在800mm以内	面砖墙砖 1. 15厚1:3水泥砂浆 2. 素水泥浆一道 3. 4-5厚1:1水泥砂浆加水重20%建筑胶镶贴 4. 8-10厚面砖,水泥砂浆擦缝或1:1水泥砂浆勾缝	m2					□	装饰装修工程
2	2-94	借	面砖(水泥砂浆粘贴)周长在800mm以内		m2			17707.81		□	装饰

图 3-50 "内墙 11"做法表

说明:墙面工程量代码中墙面抹灰面积和墙面块料面积的区别是,墙面块料面积=墙面抹灰面积+门窗侧壁面积。门窗侧壁面积跟门窗的框厚及门窗的立樘距离有关。另外,当房间装修存在踢脚无墙裙时,墙面抹灰面积高度是从地面算起,不扣除踢脚高度,因为墙面块料面积高度会扣除踢脚高度。当房间装修存在墙裙时，墙面抹灰面积和墙面块料面积高度均从墙裙算起。

新建内墙面，名称为"内墙7"，块料厚度为0，套取清单和定额，并选择工程量代码，如图3-51所示。

	编码	类别	项目名称	项目特征	单位	工程量表达式	表达式说明	单价	综合单价	措施项目	专业
1	020201001001	项	水泥砂浆墙面 1.刷建筑胶素水泥浆一遍，配合比为建筑胶：水1:4 2.15厚2：1:8水泥石灰砂浆，分两次抹灰 3.5厚1:2水泥浆		m2	QMMHMJ	QMMHMJ<墙面抹灰面积>				装饰装修工程
2	2-1	借	水泥砂浆墙面 内墙		m2			2824.59			装饰

图 3-51 "内墙7"做法表

说明：在墙裙及墙面定义的属性编辑框中，有一项是"所依附墙材质"，一般默认为空，因绘制到墙体后会根据所依附的墙自动变化，所以不用手工调整，但是当一个房间内同时存在两种及两种以上不同材质的墙体，并且所做的装修做法不一样时（如一个房间内同时存在混凝土墙和砖墙，装修做法同样是采用混合砂浆墙面，但是套取定额时不同的材质需要分开套取），就需要在定义构件时选择"所依附墙材质"选项。选择该选项后，在房间内同时采用上述两种装修做法，系统会自动按照不同的墙材质绘制不同的装修做法，但前提是在定义及绘制墙体构件时选择正确的墙材质。

3.6.4 天棚的定义

新建天棚，名称为"顶4涂24"，套取清单和定额，并选择工程量代码，如图3-52所示。

	编码	类别	项目名称	项目特征	单位	工程量表达式	表达式说明	单价	综合单价	措施项目	专业
1	020506001004	项	水泥砂浆顶棚 1.钢筋混凝土板底面清理干净 2.7厚1:3水泥砂浆 3.5厚1:1水泥砂浆 表面喷刷涂料另选		m2						装饰装修工程
2	2-1	借	水泥砂浆顶棚		m2			2824.59			装饰

图 3-52 "顶4涂24"做法表

说明：天棚工程量代码中天棚抹灰面积和天棚装饰面积的区别是，天棚抹灰面积＝天棚装饰面积＋下空梁两侧面积。另外，满堂脚手架在天棚里套取。

3.6.5 吊顶的定义

新建吊顶，名称为"铝扣板吊顶"，距离地面高度为3 000 mm，套取清单和定额，并选择工程量代码，如图3-53所示。

	编码	类别	项目名称	项目特征	单位	工程量表达式	表达式说明	单价	综合单价	措施项目	专业
1	020302001071	项	铝扣板吊顶 高度3米		m2						装饰装修工程
2	3-71	借	铝扣板吊顶 高度3米		m2			5289.89			装饰

图 3-53 "铝扣板吊顶"做法表

说明：当房间存在吊顶时，墙面抹灰面积计算高度到吊顶底+100，墙面块料面积计算高度是到吊顶底。

3.6.6 房间的定义

室内装修的绘制方法，一般采用依附构件功能，把不同的装修内容分别依附到相应的房间，然后进行统一绘制，以绘制1号楼首层为例，操作步骤如下：

第一步 在导航栏中选择"房间"构件类型，单击工具栏中的"定义"按钮，进入房间属性定义界面。

第二步 单击构件列表新建房间，名称为"大厅"，整体界面如图3-54所示。

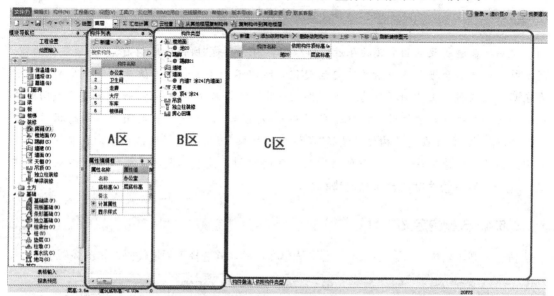

图 3-54 房间构件定义界面

房间构件定义界面分区说明如下：

A区：显示主构件名称及属性信息。

B区：显示可以依附在主构件上的构件类型及构件名称。

C区：显示依附构件的名称及属性信息，也可以新建或者添加依附构件。

第三步 选择主构件"大厅"(A区)，在依附构件类型列表(B区)中选择相应的依附构件类型，单击"添加依附构件"按钮(C区)，添加要依附的构件名称(系统默认建立一个对应的依附构件)。例如，首层大厅由楼地面、踢脚、墙面和天棚组成，在依附构件类型列表(B区)中选择"楼地面"，然后单击"添加依附构件"按钮(C区)，系统自动增加构件行"地20"（系统会默认在楼地面上第一个新建的构件），再在依附构件类型列表(B区)中选择"踢脚"，单击"添加依附构件"按钮(C区)，系统自动增加构件行"踢脚21"。按照此方法，依次完成墙面、天棚的添加。

第四步 在依附构件类型列表(B区)中选择相应的构件，然后在构件名称列表(C区)下拉列表框中选择该房间对应的装修做法，如图3-55所示。

第五步　通过上述操作，建立了房间与楼地面、墙裙、踢脚、天棚间的依附关系。单击工具栏中的“绘图”按钮，切换到绘图界面，并用“点”画法绘制房间，可以一次性将房间中的楼地面、墙裙、踢脚、墙面、天棚全部绘制上去，提高了绘图效率。

说明：1号楼首层平面图中楼梯间、大厅、走廊需要画出虚墙分割。

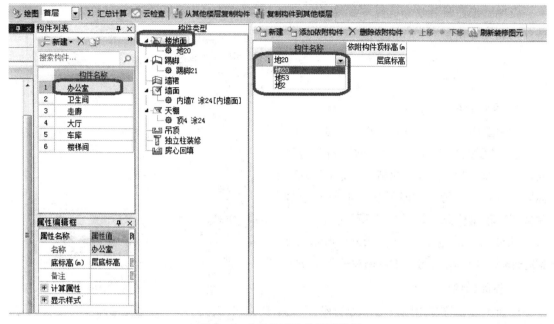

图 3-55　房间依附构件类型选择

任务 3.7　室外构件的定义及绘制

3.7.1　外墙面

1. 外墙面的定义

新建外墙，外墙面名称为“外墙13”，块料厚度起点为顶标高，终点为顶标高，套取清单和定额，并选择工程量代码，如图3-56所示。

	编码	类别	项目名称	项目特征	单位	工程量表达式	表达式说明	单价	综合单价	措施项目	专业
1	020204003041	项	面砖外墙面 1.刷建筑胶素水泥浆一遍，配合比为建筑胶:水=1:4 2.15厚2:1:8水泥石灰砂浆，分两次抹灰 3.刷素水泥浆一遍 4.4-5厚1:1水泥砂浆加水重20%建筑胶镶贴 5.8-10厚面砖，1:1水泥砂浆勾缝或水泥浆擦缝		m2					□	装饰装修工程
2	2-94	借	面砖(水泥砂浆粘贴)周长在800mm以内		m2			17707.81		□	装饰
3	8-229	定	FTC自调温相变保温材料厚30mm		m2			3237.41		□	土建

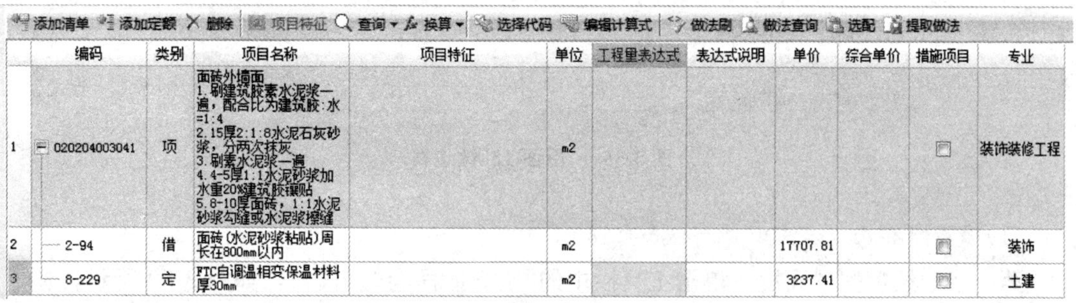

图 3-56　“外墙13”做法表

2. 外墙面的绘制

绘制外墙装饰一般都是直接绘制，有画点和画两点两种方法，更多的时候是采用"智能布置"方法，即按墙材质或外墙外边线布置。以绘制首层外墙装修为例，操作步骤为：在构件列表中选择"外墙13"，单击工具栏中的"智能布置"按钮，选择按外墙外边线布置即可。

说明：采用按外墙外边线布置墙面，外墙必须封闭才可使用。

3.7.2 屋面

1. 屋面的定义

切换至屋面层，选择左侧模块导航栏中的"其它"→"屋面"选项，单击"新建"按钮新建屋面，名称为"屋面12"，"标高"修改为"顶板顶标"，如图3-57所示，即可套取清单和定额，并选择工程量代码，如图3-58所示。

说明：屋面工程量代码中面积、防水面积、卷边面积的区别是，防水面积=面积+卷边面积。

2. 屋面的绘制

屋面一般直接利用画点方法即可绘制，系统会自动按照墙所封闭的区域布置上屋面，并且自动捕捉墙内边线布置。用画点方法绘制上屋面后，需要定义屋面卷边（即屋面立面上翻的防水面积）。定义屋面卷边的方法有"设置所有边"和"设置多边"两种。

图3-57 新建"屋面12"

编码	类别	项目名称	项目特征	单位	工程量表达式	表达式说明	单价	综合单价	措施项目	专业
1	010702001030	项	涂料或粒料保护层屋面，不上人。1. 保护层：涂料或粒料2. 防水层：按面层说明附表1选用3. 找平层：1:3水泥砂浆，砂浆中掺聚丙烯或锦纶-6纤维0.75-0.90kg/m3 4. 找坡层：1:8水泥膨胀珍珠岩找2%坡5. 结构层：钢筋混凝土屋面板		m2						建筑工程
2	7-67	定	屋面卷材防水 改性沥青卷材防水 自粘型卷材防水		m2			3572.09			土建
3	8-208	定	70厚模塑聚苯板		m2			5281.36			土建
4	9-28	定	找平层1:3水泥砂浆		m2			742.71			土建

图3-58 "屋面12"做法表

（1）设置所有边。

第一步 绘制完屋面后，单击工具栏中的"定义屋面卷边"按钮，如图3-59所示，在下拉列表中选择"设置所有边"命令。

图 3-59 "定义屋面卷边"按钮

第二步 单击鼠标点选或拉框选择需要定义屋面卷边的图元,选择完成后单击鼠标右键确认。

第三步 系统弹出"请输入屋面卷边高度"对话框,输入具体的上翻高度,如图 3-60 所示,单击"确认"按钮即可。

(2)设置多边。

第一步 绘制完屋面后,单击工具栏中的"定义屋面卷边"按钮,在下拉列表中选择"设置多边"命令。

图 3-60 "请输入屋面卷边高度"对话框

第二步 在绘图区域点选需要定义卷边的屋面边线(被选择的屋面边线会高亮显示),单击鼠标右键确认选择。

第三步 系统弹出"请输入屋面卷边高度"对话框后,输入具体的上翻高度,单击"确认"按钮即可。

3.7.3 台阶

1. 台阶的定义

切换至首层,新建台阶,名称为"左侧面台阶",材质为现浇混凝土,顶标高为 0,台阶高度为"450",踏步个数为"3",如图 3-61 所示,套取清单和定额,并选择工程量代码,如图 3-62 所示。

2. 台阶的绘制

台阶一般采用画直线或画矩形的方法绘制,绘制完台阶后需要设置台阶的起始踏步边,操作步骤如下:

第一步 绘制完台阶后,单击工具栏中的"设置台阶踏步边"按钮,如图 3-63 所示。

第二步 选择台阶的起始踏步边(选择的台阶边线会高亮显示),选择完成后单击鼠标右键确认选择。

第三步 系统弹出"踏步宽度"对话框,输入具体的宽度,如图 3-64 所示。

说明:绘制台阶时可以结合"设置夹点"功能进行快速偏移绘制。

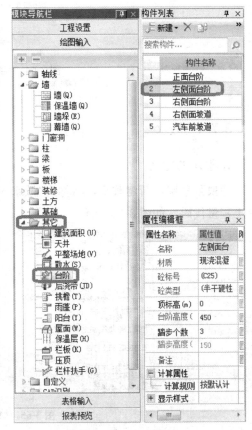

图 3-61 新建"左侧面台阶"

	编码	类别	项目名称	项目特征	单位	工程量表达式	表达式说明	单价	综合单价	措施项目	专业
1	010407001010	项	水泥砂浆台阶 1. 20厚1:2水泥砂浆抹面压光 2. 素水泥浆结合层一遍 3. 60厚C15混凝土台阶（厚度不扣踏步三角部分） 4. 300厚3:7灰土 5. 素土夯实		m2	MJ	MJ〈台阶整体水平投影面积〉			☐	建筑工程
2	4-83	定	水泥砂浆台阶		m2	MJ	MJ〈台阶整体水平投影面积〉	1752.78		☐	土建
3	9-1	定	楼地面工程 垫层 灰土垫层		m3			1140.89		☐	土建
4	1-300	定	土石方回填 原土打夯		m2			63.87		☐	土建
5	011201001105	项	现浇混凝土台阶木模板木支撑		m2					☐	建筑工程
6	12-105	定	混凝土、钢筋混凝土模板及支架现浇混凝土模板 其他 台阶 木模板木支撑		m2			205.31		☐	土建

图 3-62 "左侧面台阶"做法表

图 3-63 "设置台阶踏步边"按钮

图 3-64 "踏步宽度"对话框

3.7.4 散水

1. 散水的定义

切换至首层，新建散水，名称为"散水 1"，材质为现浇混凝土，套取清单和定额，并选择工程量代码，如图 3-65 所示。

	编码	类别	项目名称	项目特征	单位	工程量表达式	表达式说明	单价	综合单价	措施项目	专业
1	010407002002	项	混凝土散水 1. 60厚C15混凝土，面上加5厚1:1水泥砂浆随打随抹光 2. 150厚3:7灰土 3. 素土夯实，向外坡4%		m2	MJ	MJ〈面积〉			☐	建筑工程
2	4-93	定	现浇混凝土其他构件 混凝土散水 现场拌		m2	MJ	MJ〈面积〉	4573.71		☐	土建
3	9-1	定	楼地面工程 垫层 灰土垫层		m3	MJ*0.15	MJ〈面积〉*0.15	1140.89		☐	土建
4	1-300	定	土石方回填 原土打夯		m2			63.87		☐	土建
5	011201001023	项	散水 1. 模板类型：木模板 2. 支撑类型：木支撑		m2					☐	建筑工程
6	12-23	定	混凝土散水 木模板		m2			2410.31		☐	土建

图 3-65 "散水 1"做法表

说明：散水工程量代码中面积的工程量计算会扣除台阶的面积。

2. 散水的绘制

散水一般直接采用"智能布置"方法，按外墙外边线布置即可，操作步骤如下：

第一步　在构件列表中选择"散水"，单击工具栏中的"智能布置"按钮，选择按外墙外边线布置。

第二步　系统弹出"请输入散水宽度"对话框，输入具体的散水宽度，如图 3-66 所示，单击"确定"按钮即可，系统会自动按照室外地坪标高布置散水。

说明：本图中散水宽度为 900 mm，智能布置完毕后，可以选择散水图元，单击快速偏移点进行偏移。

图 3-66　"请输入散水宽度"对话框

3.7.5　平整场地

1. 平整场地的定义

新建平整场地，名称为"平整场地"，套取清单和定额，并选择工程量代码，如图 3-67 所示。

	编码	类别	项目名称	项目特征	单位	工程量表达式	表达式说明	单价	综合单价	措施项目	专业
1	010101001001	项	人工平整场地		m2	MJ	MJ〈面积〉				建筑工程
2	1-1	定	土方工程 人工平整场地		m2	MJ	MJ〈面积〉	110.88			土建

图 3-67　"平整场地"做法表

说明：平整场地的工程量代码中外放 2 m 面积，计算规则按实际绘制的面积外加出边 2 m 的面积计算（此处是 2008 年辽宁省建筑工程定额规定，2017 年辽宁省房屋建筑与装饰工程定额中此项已作更改）。

2. 平整场地的绘制

绘制方法：直接在建筑物围成的封闭区域内使用"点"画法即可，系统会自动按外墙外边线绘制。

说明：建筑面积的绘制方法与平整场地的绘制方法一样，也是直接在建筑物围成的封闭区域内使用"点"画法。在 GCL2013 软件中，建筑面积按最新规范计算。另外，阳台、楼梯、雨篷等构件的属性中均有"建筑面积计算方式"一项，可以选择"全部计算""计算一半"或"不计算"。建筑面积需要每层绘制，系统中每层建筑面积的计算方法是绘制的"面积＋阳台＋楼梯＋雨篷－天井"所占面积。

任务 3.8　表格输入和报表预览

操作步骤如下：

第一步　在模块导航栏中选择"表格输入"模块，切换到表格输入界面，与绘图输入一样，最初看到的是构件类别，单击"表格输入"下的加号，把所有类别全部展开，显示出具体构件,把滚动条拉到最下面,选择模块导航栏中的某类构件,单击构件列表中的"新建"按钮,修改名称,输入数量,如图 3-68 所示。单击工具栏右边的查询下拉箭头,选择"查询定额库",在定额库中找到相应的定额项,双击鼠标完成定额套取,在工程量表达式中输入计算公式。

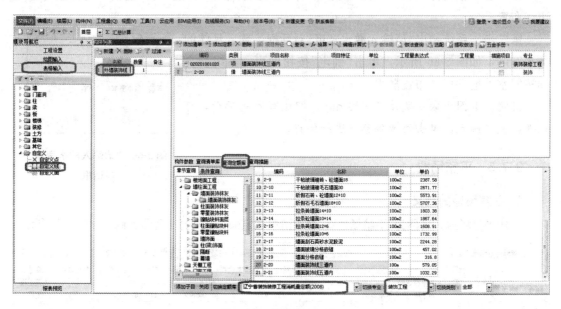

图 3-68 表格输入界面

第二步 单击工具栏中的"汇总计算"按钮,系统弹出图 3-69 所示的"确定执行计算汇总"对话框,待汇总完毕后,单击"确定"按钮。选择模块导航栏中的"报表预览"模块,切换到报表预览界面,查看整个工程的工程量。在弹出的设置报表范围窗口中,选择全部楼层的全部构件,单击"确定"按钮,再在弹出的提示框中单击"确定"按钮,可以看到,模块导航栏中系统将常用的报表进行了分类,以便于快速查找。报表分为做法汇总分析表、构件汇总分析表、指标汇总分析表三大类,每一大类下面都有具体的报表,可以根据需要选择查看。

第三步 如果只需要打印工程的部分工程量,如柱、梁、板,可以选择工具栏中的"设置报表范围"选项,在弹出的"设置报表范围"对话框(图 3-70)中选择楼层、构件,选择完成后单击"确定"按钮,再在弹出的对话框

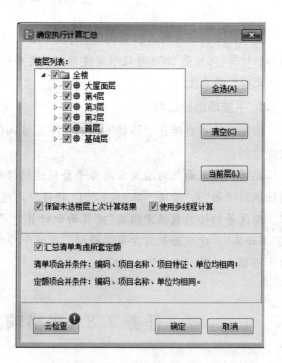

图 3-69 "确定执行计算汇总"对话框

中单击"确定"按钮,可以看到,报表中只有柱、梁、板的工程量,直接单击"打印"按钮即可。系统中的报表界面布局是默认的,如果界面布局与要求不一样,可以使用系统的列宽功能,按要求调整界面布局,这样就完成了报表的简单设计。

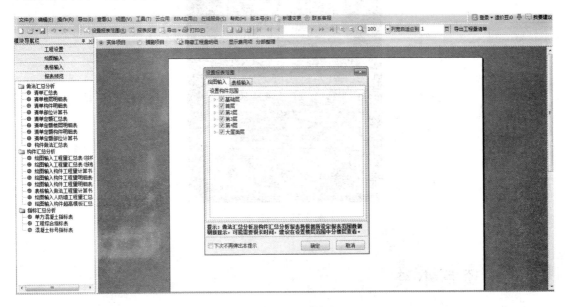

图 3-70 "设置报表范围"对话框

任务 3.9 1 号楼土建算量软件三维图

1 号楼广联达 BIM 土建算量软件 GCL2013 下的三维图如图 3-71、图 3-72 所示。

图 3-71 正立面

图 3-72 侧立面

项目小结

本项目通过对工程实例 1 号楼工程图纸的分析和绘制,介绍了使用广联达 BIM 土建算量软件 GCL2013 的大概使用流程和一般方法,按照工程建立和构件绘制的顺序,讲解了主要构件的定义和绘制,并在中间穿插了软件功能的介绍,目的是通过对实际工程进行讲解,使学生掌握利用软件做工程的一般流程和软件的基本思想及基本功能。本案例工程为框架结构,广联达 BIM 土建算量软件 GCL2013 还适用于计算多层混合结构、剪力墙结构、框架-剪力墙结构等多种结构体系建筑物的工程量。在学习和练习中,可以参照软件"文字帮助"中的相关内容,逐步提高对软件的掌握程度,更好地辅助工程算量工作。

技能训练

1. 将 1 号楼首层①轴×Ⓐ轴 KZ-1 的现浇混凝土工程及模板工程的计量单位、工程量填入表 3-1。

表 3-1 首层①轴×Ⓐ轴 KZ-1 的现浇混凝土工程及模板工程的计量单位、工程量

构件名称	项目编码	项目名称	计量单位	工程量
KZ-1	010402001002	矩形柱: 1. 混凝土种类:现场浇筑 2. 混凝土强度等级:C30		
	A4-24	现浇 C30 混凝土矩形柱		
	011201001051	现浇混凝土矩形柱 复合模板 木支撑		
	A12-51	混凝土、钢筋混凝土模板及支架 现浇混凝土模板 矩形柱 复合模板 木支撑		

2. 将1号楼二层KL-1的现浇混凝土工程及模板工程的计量单位、工程量填入表3-2中。

表3-2 二层KL-1的现浇混凝土工程及模板工程的计量单位、工程量

构件名称	项目编码	项目名称	计量单位	工程量
KL-1	010403003002	矩形梁： 1. 混凝土种类：现场浇筑 2. 混凝土强度等级：C30		
	A4-34	现浇混凝土矩形梁		
	011201001066	现浇混凝土单梁 连续梁 复合模板 木支撑		
	A12-66	混凝土、钢筋混凝土模板及支架 现浇混凝土模板 单梁 连续梁 复合模板 木支撑		

3. 将1号楼二层200厚砌体墙的砖砌体工程的计量单位、工程量填入表3-3。

表3-3 200厚砌体墙的砖砌体工程的计量单位、工程量

构件名称	项目编码	项目名称	计量单位	工程量
200厚砌体墙	010301001010	陶粒空心砌块 1. 墙体类型：内墙 2. 墙体厚度：200 3. 砂浆强度等级：M7.5混合砂浆砌筑		
	A3-81	砌体墙小型空心砌块		

4. 将1号楼基础层DJ1的现浇混凝土工程及模板工程的计量单位、工程量填入表3-4。

表3-4 基础层DJ1的现浇混凝土工程及模板工程的计量单位、工程量

构件名称	项目编码	项目名称	计量单位	工程量
DJ1	010401002004	独立基础 1. 混凝土种类：现场浇筑 2. 混凝土强度等级：C30		
	A4-8	现浇混凝土基础 独立基础 混凝土 现浇混凝土		
	011201001012	现浇混凝土独立基础 复合模板 木支撑		
	A12-12	混凝土、钢筋混凝土模板及支架 现浇混凝土模板 独立基础 混凝土复合模板		

项目4　CAD图纸识别

内容提要

利用软件的CAD图纸识别功能，可快速地将电子图纸中的信息识别为钢筋算量软件中的各类构件（本书以广联达BIM钢筋算量软件GGJ2013为例）。CAD识别的操作流程如图4-1所示。

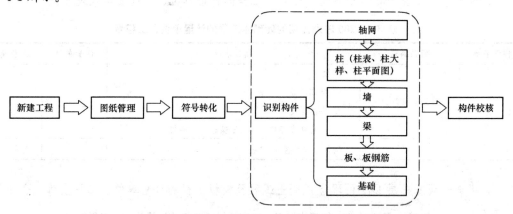

图4-1　CAD识别的操作流程

任务描述

1. 掌握CAD图纸管理流程和CAD草图功能的使用。
2. 掌握构件识别（识别轴网、识别柱大样、识别柱、识别梁、识别板、识别独立基础等）的方法与步骤。

任务4.1　CAD图纸管理

广联达软件对CAD图纸识别提供了"图纸管理"功能，能够对CAD电子图纸进行有效管理，与钢筋工程的楼层及构件类型进行一一对应，并随工程统一保存，可提高工作效率，操作流程如图4-2所示。

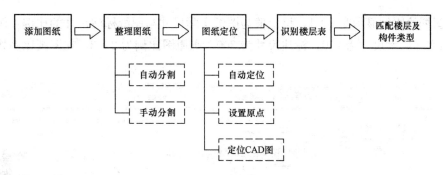

图 4-2　CAD 图纸管理流程

4.1.1　添加图纸

此功能主要适用于电子图纸格式为"＊.DWG""＊.GVD""＊.DXF""＊.CADI"的版本，可将电子图纸导入广联达软件中，操作步骤如下：

第一步　在左侧模块导航栏中选择"CAD 识别"→"CAD 草图"命令，如图 4-3 所示。

图 4-3　识别 CAD 草图

第二步　单击图纸管理界面中的"添加图纸"按钮，如图 4-4 所示，选择电子图纸所在的文件夹，并选择需要导入的电子图，单击"打开"按钮（图纸选择支持单选、拉框多选、按 Shift 键或 Ctrl 键多选）。

第三步　在图纸管理界面显示导入后的图纸，如图 4-5 所示，可以修改名称和图纸的比例，在绘图区域中将显示导入图纸的文件内容，完成操作。

（1）双击图纸列表中的图名，则选择的图纸会在绘图区域进行显示，同时图名底色变为绿色。

(2)图纸的比例显示是1∶1,该比值为图纸实际尺寸与图纸标注尺寸的比例。例如,某条线段的实际像素尺寸为200,标注尺寸为300,则原图比例为2∶3,在图纸比例处直接输入即可。

图 4-4 添加图纸

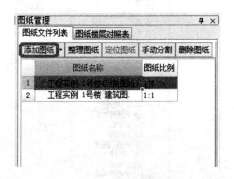

图 4-5 显示导入后的图纸

4.1.2 删除图纸

如果误导入不需要的CAD图纸或导入的CAD图纸已经识别完,为了使软件界面显示清晰,可以使用删除图纸功能清除选中的CAD图纸。操作步骤如下:

第一步 在左侧的模块导航栏中选择"CAD识别"→"CAD草图"命令,选中需要删除的图纸,单击图纸管理界面中的"删除图纸"按钮,如图4-6所示。

第二步 在弹出的确认对话框中单击"是"按钮,可以删除选中的CAD图纸,单击"否"按钮则取消操作,如图4-7所示。

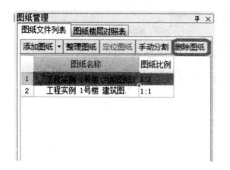

图 4-6 删除图纸　　　　　　　　图 4-7 询问是否删除图纸的确认对话框

4.1.3 整理图纸

一张图中包含了多层平面图，需要快速将图纸按照楼层、构件分割出来。操作步骤如下：

第一步　导入图纸后，单击图纸管理界面中的"整理图纸"按钮，如图 4-8 所示。

第二步　根据状态栏提示，依次提取图纸中的"图框线"及"图名"，单击鼠标右键确定。

第三步　系统根据图框线自动分割图纸，并且按照提取的图纸名称对应命名，整理完成后，弹出提示。

图纸整理完成后的效果如图 4-9 所示。

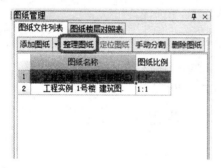
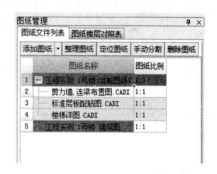

图 4-8 整理图纸　　　　　　　　图 4-9 图纸文件列表

(1) 如果要查看分割出来的图纸，直接双击图纸名称，则可以在绘图区域进行显示。

(2) 在系统中被分割后的图纸在分割线位置显示红色，没有被红色边框线包围的部分表示没有被自动分割。

(3) 黄色底色表示该图纸暂未与楼层、构件进行对应。

4.1.4 手动分割

手动分割的功能适用于图纸标注信息不完整或图纸不规范的情况，以及使用整理图纸功能后，某些缺少图名或者图纸边框线缺失的图纸可能不被软件整理出来的情况，具体操作步骤如下：

第一步 单击图纸管理界面中的"手动分割"按钮,然后在绘图区域拉框选择需要分割的图纸,如图 4-10 所示。

第二步 单击鼠标右键确定,系统弹出"请输入图纸名称"对话框,单击图纸中的图名标注,即可将名称自动提取到对话框中。

第三步 单击"确定"按钮,完成导出操作。

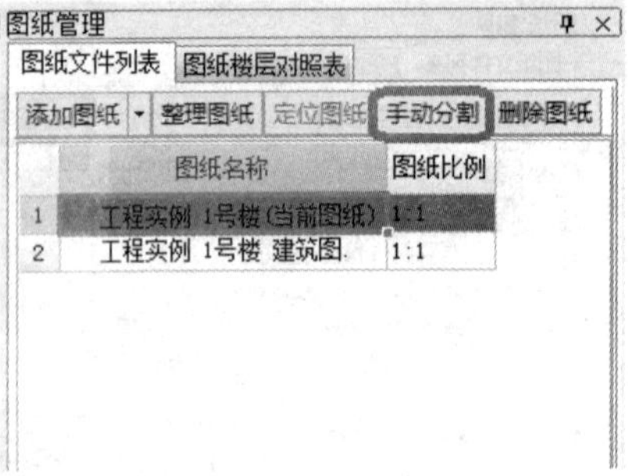

图 4-10 手动分割图纸

4.1.5 定位图纸

在手动分割图纸后,需要定位 CAD 图纸,使构件之间以及上、下层之间的构件位置重合,操作方法为:在图纸管理界面单击"定位图纸"按钮,系统将自动按照图纸轴网交点距离原点最近的点作为图纸定位的基本点,快速完成所有图纸中构件的对应位置关系,如图 4-11 所示。

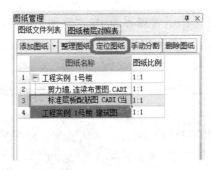

图 4-11 定位图纸

任务 4.2 CAD 草图

4.2.1 插入 CAD 图

此功能主要用于在已经导入 CAD 图纸的基础上,继续导入其他 CAD 图纸。操作步骤如下:

第一步 在左侧的模块导航栏中选择"CAD 识别"→"CAD 草图"命令,如图 4-3 所示。

第二步 在绘图工具栏中单击"插入 CAD 图"按钮,如图 4-12 所示,在弹出的"插入 CAD 图形"对话框中选择电子图纸所在的文件夹,并选择需要插入的文件,单击"打开"按钮,如图 4-13 所示。

图 4-12 绘图工具栏

图 4-13 "插入 CAD 图形"对话框

4.2.2 清除 CAD 图

清除 CAD 图的功能适用于错误地导入 CAD 图纸或导入的 CAD 图纸已经识别完的情况。操作步骤如下：

第一步 在左侧的模块导航栏中选择"CAD 识别"→"CAD 草图"命令，单击绘图工具栏中的"清除 CAD 图"按钮，如图 4-14 所示。

图 4-14 "清除 CAD 图"按钮

第二步 在弹出的确认对话框中单击"是"按钮，可以清除 CAD 图纸，单击"否"按钮，则取消操作，如图 4-15 所示。

图 4-15 询问是否清除 CAD 图纸的确认对话框

4.2.3 定位 CAD 图

在识别某个构件后，导入另外一张图纸时，如果两张图纸的构件没有重合，那么可以使用"定位 CAD 图"功能使两张图纸的构件重合。操作步骤如下：

第一步 在左侧的模块导航栏中选择"CAD 识别"→"CAD 草图"命令。

第二步 单击绘图工具栏中的"定位 CAD 图"按钮，如图 4-16 所示，单击当前 CAD 图纸中的一个点作为基准点。

图 4-16 "定位 CAD 图"按钮

第三步 移动鼠标，选择第二点作为目标点。

第四步 单击目标点，完成操作。

4.2.4 批量替换

在 CAD 图纸中，标高有时采用汉字表示方式，如基础底标高等。对于此类标高，软件不能识别，所以就需要将其转化为具体的标高数值。操作步骤如下：

第一步 在左侧的模块导航栏中选择"CAD 识别"→"CAD 草图"命令。

第二步 单击绘图工具栏中的"批量替换"按钮，系统弹出"批量替换"对话框，如图 4-17 所示。

第三步 输入需要查找的内容和需要替换的内容，单击"全部替换"按钮，弹出提示对话框，单击"确定"按钮，如图 4-18 所示。

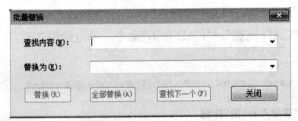

图 4-17 "批量替换"对话框

图 4-18 批量替换完成提示对话框

任务 4.3 构件识别

4.3.1 识别轴网

识别轴网的步骤为：执行"提取轴线边线"→"提取轴线标识"→"识别轴网"命令，如图 4-19 所示。

图 4-19 识别轴网

说明：识别轴网可分为以下几项：

(1)自动识别轴网：工程的轴网比较规范，同时轴网标识也比较完整时，可以选择此方法；

(2)选择识别轴网：适用于在工程中存在多个复杂轴网的情况；

(3)识别辅助轴网：适用于识别一些弧形或者椭圆形的不规则轴网。

4.3.2 识别柱大样

识别柱大样的步骤为：执行"转换符号"→"提取柱边线"→"提取柱标识"→"提取钢筋线"→"识别柱大样"命令，如图4-20所示。

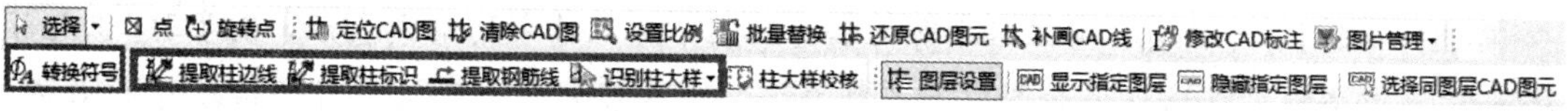

图 4-20 识别柱大样

说明：对于转换符号，如果图纸中的钢筋级别已经是系统能识别的A、B、C、D等字符，则此步可以省略。

识别柱大样可分为以下几项：

(1)点选识别柱大样：如果柱大样信息比较零散或其他原因造成自动识别不能正确读取大量信息，可选择此方法；

(2)自动识别柱大样：在识别柱大样的过程中，若图纸中柱大样信息比较集中、完整，同时柱截面也比较规则，则可以选择此方法。

4.3.3 识别柱

识别柱的步骤为：执行"识别柱表"→"提取柱边线"→"提取柱标识"→"识别柱"命令，如图4-21所示。

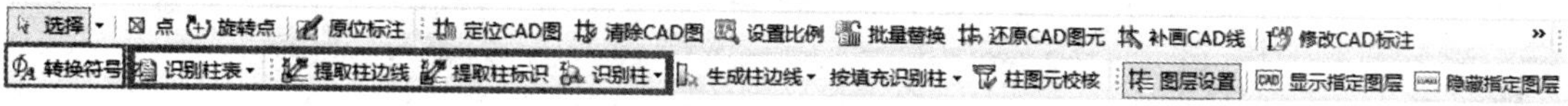

图 4-21 识别柱

说明："识别柱表"的主要功能是在各楼层中快速地建立柱构件。如果图纸中柱配筋信息不是以柱表的形式表现，则此步可以省略。

识别柱可分为以下几项：

(1)自动识别柱：在框架或者框架剪力墙结构中，若柱边线是独立的CAD线，而不是与剪力墙边线在同一图层，可以选择此方法；

(2)点选识别柱；

(3)框选识别柱：若柱边线和剪力墙边线在同一图层，可以选择此方法；

(4)按名称识别柱：若在图纸中有多个相同的柱，但只对其中一个柱进行详细标注，而对其他柱只标注柱名称，可以选择此方法。

4.3.4 识别墙

1. 识别剪力墙

识别剪力墙的步骤为：执行"识别剪力墙表"→"提取混凝土墙边线"→"提取墙标识"→"提取门窗线"→"识别墙"，如图 4-22 所示。

图 4-22 识别剪力墙(1)

说明：识别剪力墙时，若工程中剪力墙的配筋不是以墙表的形式表示，则步骤"识别剪力墙表"可以省略；在墙柱平面图中，若剪力墙只以厚度划分，而没有标识出墙体的名称，则步骤"提取墙标识"可以省略；当剪力墙上无门窗时，步骤"提取门窗线"可以省略。

识别墙体可分为以下几项：

(1)自动识别：要把图纸中所有墙体瞬间识别出来，可选择此方法；

(2)框选识别；

(3)点选识别：只要识别工程中局部或个别墙体的情况，可选择(2)和(3)两种方法，如图 4-23 所示。

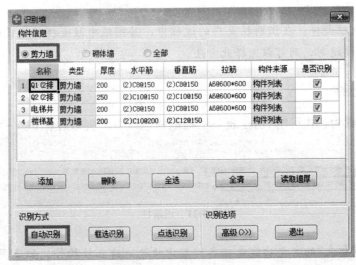

图 4-23 识别剪力墙(2)

2. 识别砌体墙

识别砌体墙的步骤为：执行"提取砌体墙边线"→"提取门窗线"→"识别墙"命令，如图 4-24 所示。

说明：识别砌体墙可分为以下几项：

(1)自动识别：要把图纸中所有墙体瞬间识别出来，选择此方法；

(2)框选识别；

(3)点选识别：只要识别工程局部或个别墙体，可以选择(2)和(3)两种方法，如图 4-25 所示。

图 4-24 识别砌体墙(1)

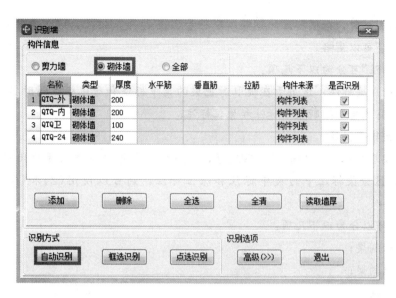

图 4-25 识别砌体墙(2)

4.3.5 识别门窗洞

在识别门窗洞时,由于混凝土墙边线或砌体墙边线在识别墙时已经提取,所以识别门窗洞只需要三步即可,具体识别步骤为:执行"识别门窗表"→"提取门窗洞标识"→"识别门窗洞"命令,如图 4-26 所示。

图 4-26 识别门窗洞

说明:识别门窗洞分为以下几项:
(1)自动识别门窗洞:要把图纸中的所有门窗洞一次识别出来,可选择此方法;
(2)框选识别门窗洞;
(3)点选识别门窗洞;
(4)精确识别门窗洞:只要识别指定的一个或几个门窗洞,可以选择(2)、(3)和(4)三种方法。

4.3.6 识别梁和连梁

1. 识别梁

识别框架梁、非框架梁、基础梁的步骤为:执行"转换符号"→"提取梁边线"→"提取梁标注"→"识别梁"→"识别原位标注"命令,如图 4-27 所示。

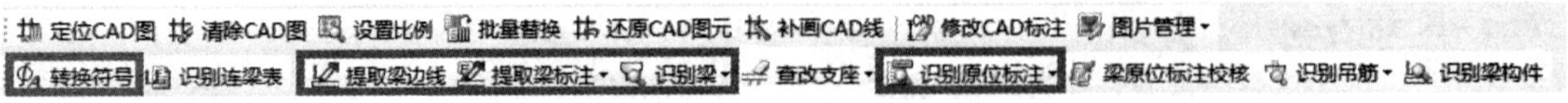

图 4-27 识别梁

说明：识别梁时，若梁标注的钢筋级别符号已经是 A、B、C、D 之类的表示形式，则步骤"转换符号"可以省略。

"提取梁标注"可分为以下几项：

(1) 自动识别梁标注：适用于在提取时把梁的集中标注和原位标注同时提取到系统中，则系统会根据引线自动判断集中标注和原位标注；

(2) 提取梁集中标注；

(3) 提取梁原位标注：如果图纸不规范，集中标注和原位标注的显示比较凌乱，导致系统不能智能区分梁标注中的集中标注和原位标注，则可以使用(2)和(3)方法来个别提取。

"识别梁"可以分为以下几项：

(1) 自动识别梁；

(2) 点选识别梁；

(3) 框选识别梁。

在实际工程中，若需要瞬间把所有梁识别出来，则可以使用(1)方法；若要识别局部某些梁，可以使用(2)和(3)两种方法。

"识别原位标注"可分为以下几项：

(1) 自动识别梁原位标注；

(2) 框选识别梁原位标注；

(3) 单构件识别梁原位标注；

(4) 点选识别梁原位标注。

方法(1)可以一次把绘图区中所有的梁原位标注同时识别出来；

方法(2)可把系统中的梁图元的原位标注识别出来；

方法(3)一次只能识别一道梁的原位标注；

方法(4)一次只能识别一道梁中的一个原位标注。

2. 识别连梁

识别连梁的步骤为：执行"转换符号"→"识别连梁表"→"提取梁边线"→"提取梁标注"→"识别梁"命令，如图 4-28 所示。

图 4-28 识别连梁

说明：识别连梁时，若连梁表中的钢筋级别符号已经是 A、B、C、D 之类的表示形式，则步骤"转换符号"可以省略。

"提取梁标注"可分为以下几项：

(1)自动提取梁标注:连梁不存在原位标注时,只能用此方法;

(2)提取梁集中标注;

(3)提取梁原位标注。

"识别梁"可分为以下几项:

(1)自动识别梁;

(2)点选识别梁;

(3)框选识别梁。

在实际工程中,若需要瞬间把所有梁识别出来,可以使用方法(1);如果只要识别局部某些梁,可使用方法(2)或方法(3)。

4.3.7 识别受力筋

识别受力筋和识别负筋既可以在识别受力筋界面中进行,也可以在识别负筋界面中进行,操作步骤为:执行"转换符号"→"提取板钢筋线"→"提取板钢筋标注"→"自动识别板筋"命令,如图 4-29 所示。

图 4-29 识别受力筋

说明:识别受力筋时,若板钢筋标注的钢筋级别符号已经是 A、B、C、D 之类的表示形式,则步骤"转换符号"可以省略。

自动识别受力筋时,必须要把柱、混凝土墙、梁、板构件全部绘制完毕。

4.3.8 识别独立基础

识别独立基础的步骤为:执行"提取独立基础边线"→"提取独立基础标识"→"识别独立基础"命令,如图 4-30 所示。

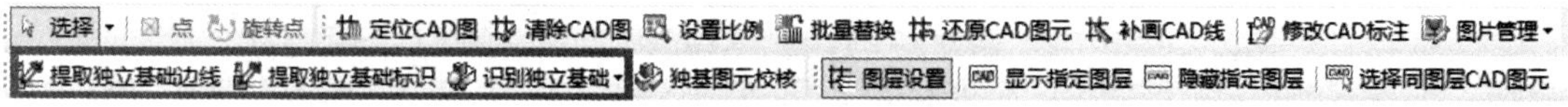

图 4-30 识别独立基础

说明:由于独立基础平面布置图表示的仅是独立基础的位置,而独立基础的阶数和厚度以及配筋均要从基础表或者剖面图中获得,所以识别独立基础前必须建立好相应的基础单元,才可准确识别。

"识别独立基础"可分为以下几项:

(1)自动识别独立基础:可以一次把平面图中的所有独立基础全部识别成图元;

(2)点选识别独立基础:命令一次,只能识别一个独立基础;

(3)框选识别独立基础:可以对局部几个独立基础进行框选识别。

识别桩承台与识别独立基础的方法相同。

项目小结

通过本项目的学习，使学生能够利用 CAD 图纸识别功能，快速识别轴网、柱大样、梁、板、独立基础等。

技能训练

1. 简述 CAD 图纸识别功能中添加图纸的步骤。
2. 简述识别轴网的步骤。
3. 简述识别柱的步骤。
4. 简述识别砌体墙的步骤。

项目 5　广联达计价软件 GBQ4.0 的应用

内容提要

本工程实例位于辽宁省沈阳市，招标文件规定钢筋、水泥、门窗为甲供材料，人工、材料、机械台班信息价格采用 2019 年沈阳市 1 月份辽宁省定额站信息价。

任务描述

利用广联达计划软件 GBQ4.0 完成以下任务：
1. 编制工程实例 1 号楼的工程量清单。
2. 编制工程实例 1 号楼的招标控制价。

任务 5.1　工程实例 1 号楼工程量清单的编制

5.1.1　新建工程量清单计价工程

1. 启动软件

启动广联达计价软件 GBQ4.0 的方法有以下两种：

(1)双击桌面上的"广联达计价软件 GBQ4.0"快捷图标，如图 5-1 所示。

图 5-1　"广联达计价软件 GBQ4.0"快捷图标

(2)执行"开始"→"广联达建设工程造价管理整体解决方案"→"广联达计价软件 GBQ4.0"命令，如图 5-2 所示。

2. 新建项目结构

(1)新建单项工程。启动 GBQ4.0 软件后，在工程文件管理界面的"工程类型"区选择"清单计价"，如图 5-3 所示。

单击"新建项目"按钮，在弹出的"新建标段工程"对话框的"清单计价"区选择"招标"，"地区标准"选择"辽宁"，"项目名称"选择"工程实例 1 号楼"，"项目编号"为"2019"（此项可按实际填写），如图 5-4 所示。

图 5-2 启动广联达计价软件 GBQ4.0

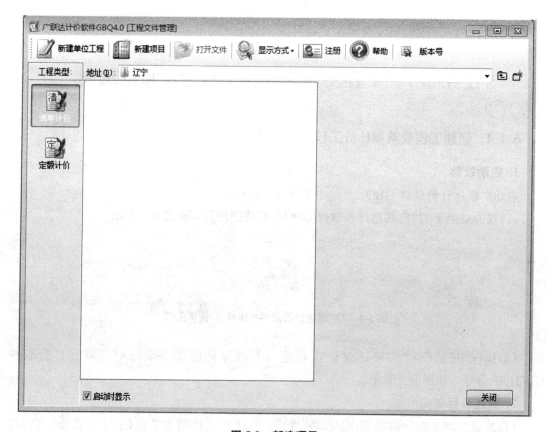

图 5-3 新建项目

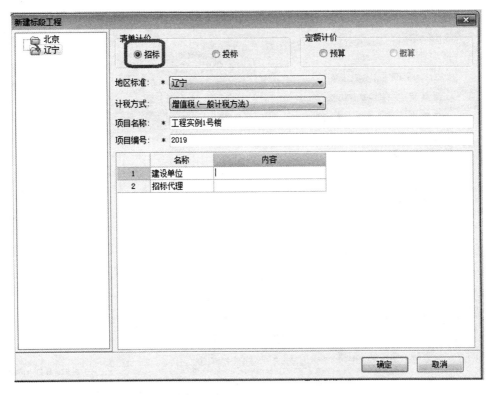

图 5-4 "新建标段工程"对话框

辽宁 2008 系列的定额总说明中第五条说明：本定额是按照国家标准《建设工程工程量清单计价规范》的原则并结合我省实际，对项目设置、计量单位、计算规则进行了适当的补充和完善，一个定额项目就是一个清单项目。

由此可知，辽宁 2008 清单和 2008 定额是一一对应的，所以选择清单计价，也会有相应的定额，这里就以清单计价来讲解。

单击"确定"按钮，系统弹出"单项工程管理"对话框，选择新建的单项工程 1 号楼，单击鼠标右键，在弹出的快捷菜单中选择"新建单位工程"命令，打开"新建单位工程"对话框。

(2)新建单位工程。选择"计价方式"为"清单计价"，"清单库"为"工程量清单项目设置规则(2008 辽宁)"，"清单专业"为"建筑工程"，"定额库"为"辽宁省建筑工程消耗量定额(2008)"，"定额专业"为"土建工程"，价格文件暂不选，输入工程名称"建筑工程"，如图 5-5 所示。

按同样的方式新建其他单项工程。

5.1.2 编制建筑工程量清单

1. 编制建筑工程分部分项工程量清单

(1)进入建筑工程编辑主界面。选择"建筑工程"进入建筑工程编辑主界面，如图 5-6 所示。

(2)输入工程量清单。输入工程量清单的方法有以下三种：

1)查询输入。从"项目管理"界面切换到"查询"界面进行清单输入，在查询清单库界面中选择"清单"，根据项目需要找到"人工平整场地"清单项，双击即可录入，如图 5-7 所示。

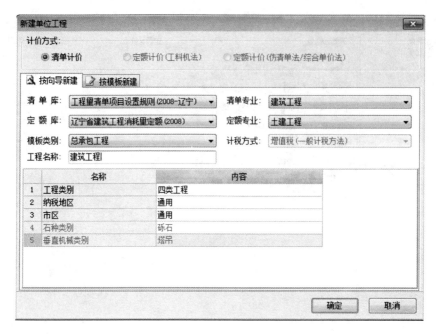

图 5-5 "新建单位工程"对话框

图 5-6 建筑工程编辑主界面

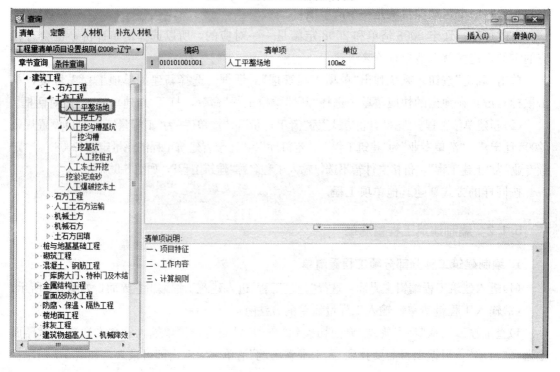

图 5-7 查询输入

2)按编码输入。如图 5-8 所示，单击“添加”按钮，在下拉列表中选择“添加清单项”命令，如图 5-8 所示，在空行的编码列输入“010401002”(清单项目名称顺序码 001 由系统自动生成)，在弹出的“选择清单单位”对话框中选择单位为“10 m^3”，单击“确定”按钮，即可输入“独立基础现浇混凝土”清单项，如图 5-9 所示。

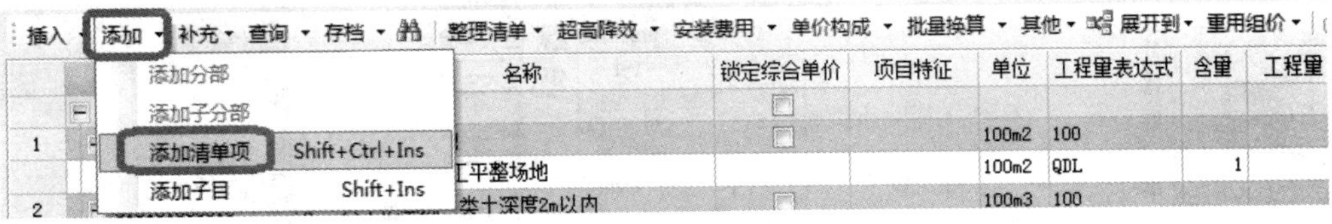

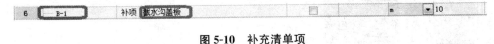

图 5-8 添加清单项

编码	类别	名称	锁定综合单价	项目特征	单位	工程量表达式	含量
		整个项目					
010101001001	项	人工平整场地			100m2	100	
1-1	定	土方工程 人工平整场地			100m2	QDL	1
010101003013	项	人工挖基坑三类土深度2m以内			100m3	100	
1-26	定	土方工程 人工挖沟槽基坑 挖基坑 三类土 深度2m以内			100m3	QDL	1
010101001002	项	人工平整场地			100m2	100	
1-1	定	土方工程 人工平整场地			100m2	QDL	1
010401002004	项	独立基础现场砼			10m3	10	

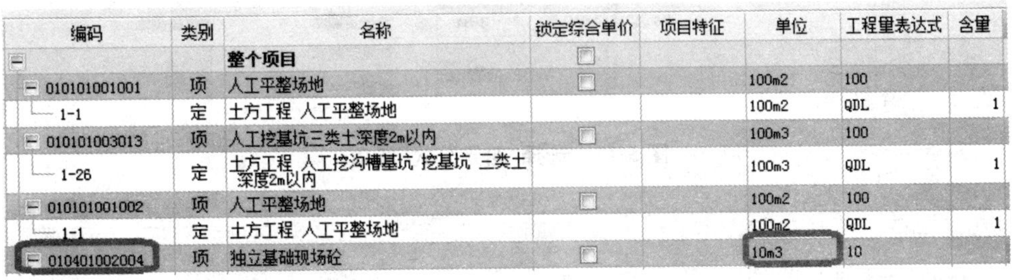

图 5-9 编码输入

3)补充清单项。在编码列输入“B-1”，在名称列输入清单项目名称“截水沟盖板”，选择单位为“m”，即可补充一条清单项，如图 5-10 所示。

图 5-10 补充清单项

说明：可根据要求填写编码。

(3)输入工程量。输入工程量的方法有以下四种：

1)直接输入。对“挖基坑土方”清单项，在“工程量”列输入“121”，如图 5-11 所示。用同样的方法在“工程量”列输入其他工程量即可。

编码	类别	名称	锁定综合单价	项目特征	单位	工程量表达式	含量	工程量	单价
		整个项目							
010101001001	项	人工平整场地			100m2	100		1	
010101003013	项	人工挖基坑三类土深度2m以内			100m3	121		1.21	

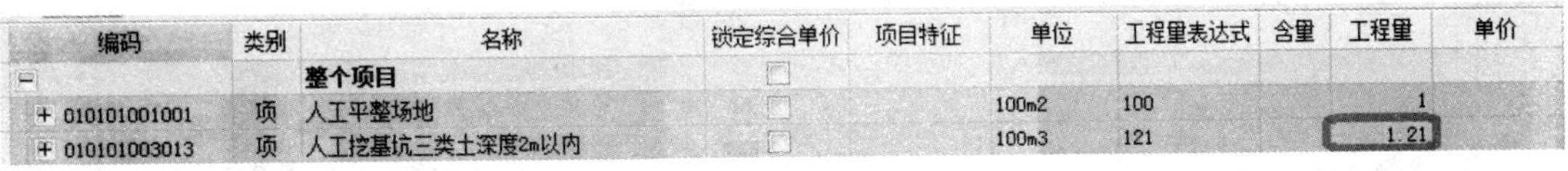

图 5-11 直接输入

2)图元公式输入。选择“零星砖砌体”清单项，选择“工程量表达式”单元格，使单元格数字处于可编辑状态(光标闪动状态)，在“系统”菜单栏下拉列表中选择“图元公式”选项，如图 5-12 所示，在弹出的“图元公式”对话框中选择“公式类别”为“体积公式”，图元为“2.2 长方体体积”，在参数区域输入相应的参数值，如图 5-13 所示。

单击“选择”按钮，然后单击“确定”按钮，退出“图元公式”对话框。图元公式输入的结果如图 5-14 所示。

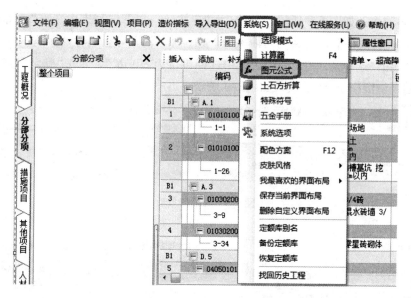

图 5-12 选择"图元公式"选项

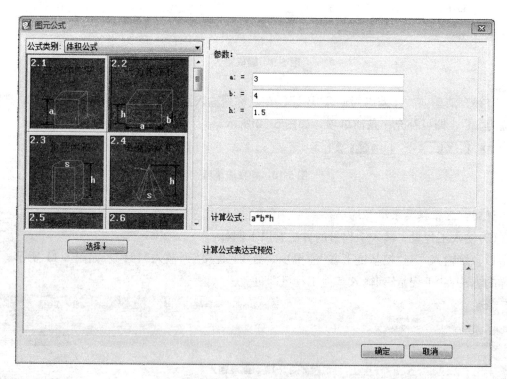

图 5-13 "图元公式"对话框

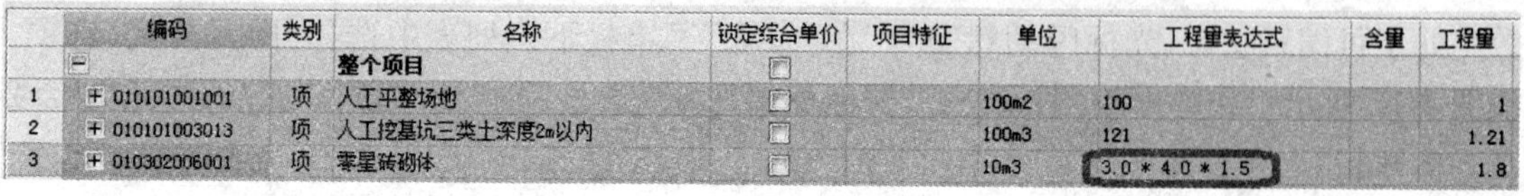

图 5-14 图元公式输入的结果

说明：输入完参数后要单击"选择"按钮，而且只需单击一次，如果单击多次，相当于对长方体体积结果进行累加，工程量会按倍数增长。

3)计算明细输入。选择"实心砖墙混水砖墙 3/4 砖"清单项，选择"工程量表达式"单元格，单击小三点按钮，在工程量计算明细界面中输入计算公式，如图 5-15 所示。按回车键，并在"确认"对话框中单击"替换"按钮，则系统可自动计算出工程量，如图 5-16 所示。

工料机显示	查看单价构成	标准换算	换算信息	安装费用	特征及内容	工程量明细	反查图形工程量	查询用户清单	说明信息
内容说明		计算式			结果	累加标识	引用代码		
计算结果					321				
1		32.1*50*0.2			321.0000	✓			
2		0			0.0000	✓			

图 5-15　输入计算公式

编码	类别	名称	锁定综合单价	项目特征	单位	工程量表达式	含量	工程量
		整个项目						
1	010101001001	项	人工平整场地		100m2	100		1
2	010101003013	项	人工挖基坑三类土深度2m以内		100m3	121		1.21
3	010302006001	项	零星砖砌体		10m3	3.0 * 4.0 * 1.5		1.8
4	010302001008	项	实心砖墙混水砖墙3/4砖		10m3	GCLMXHJ		32.1

图 5-16　计算明细输入

4)简单计算公式输入。选择"混凝土垫层"清单项，在"工程量表达式"列输入"2.8 * 2.8 * 0.1"，如图 5-17 所示。

图 5-17　简单计算公式输入

(4)清单名称描述。

1)输入项目特征。选择"挖基坑土方"清单项，单击属性窗口下方的"特征及内容"按钮，填写"土壤类别"为"粉质黏土"，"挖土深度"为"H<1.5 m"，"弃土运距"为"10 km 以内"，如图 5-18 所示。

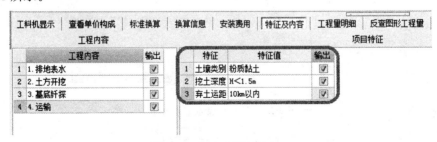

图 5-18　输入项目特征(一)

在"清单名称显示规则"界面选择"添加位置"为"添加到清单名称列"，单击"应用规则到全部清单项"按钮，如图 5-19 所示。系统会自动将项目特征信息输入到项目名称中，如图 5-20 所示。

说明：在界面单击鼠标右键，在弹出的快捷菜单中选择"界面显示列设置"选项，在弹出的对话框中选择"常用按钮"，将"项目特征"前的"√"去掉，则可将"项目特征"列隐藏。

清单名称显示规则
应用规则到所选清单项
应用规则到全部清单项
添加位置:
高级选项
添加到项目特征列
添加到清单名称列
添加到工程内容列
分别添加到对应列
显示格式:
换行
用逗号分隔
用括号分隔
内容选项
名称附加内容: 项目特征
特征生成方式: 项目特征:项目特征值

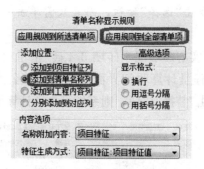

图 5-19 输入项目特征(二)

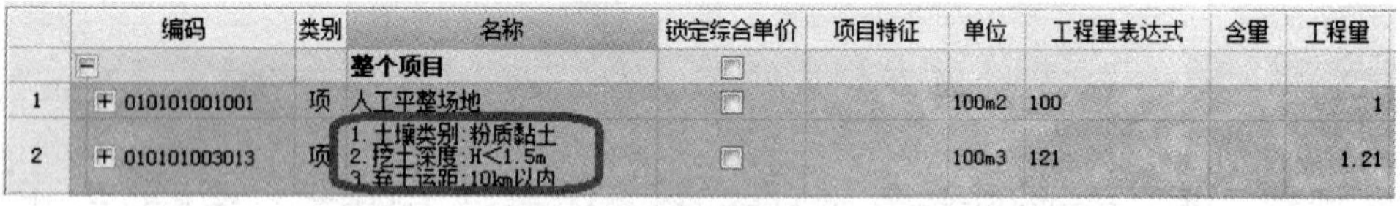

编码
类别
名称
锁定综合单价
项目特征
单位
工程量表达式
含量
工程量
整个项目
1 010101001001 项 人工平整场地 100m2 100 1
2 010101003013 项 1. 土壤类别:粉质黏土 2. 挖土深度:H<1.5m 3. 弃土运距:10km以内 100m3 121 1.21

图 5-20 输入项目特征(三)

2)直接修改清单名称。同样选择“基坑挖土方”清单，选择“项目名称”单元格，使其处于可编辑状态，单击单元格右侧的小三点按钮，在弹出的“编辑[特征]”对话框中输入项目特征，如图 5-21 所示。按照上述方法设置其他清单部分的名称。

编辑[特征]
1.土壤类别:粉质黏土
2.挖土深度:H<1.5m
3.弃土运距:10km以内
确定
取消

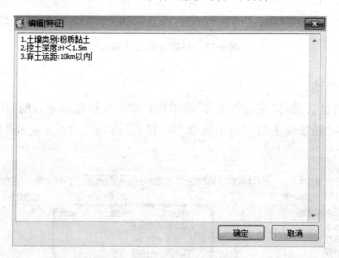

图 5-21 “编辑[特征]”对话框

说明：对于项目名称描述类似的清单项，可采用“Ctrl＋C”“Ctrl＋V”组合键快速复制、粘贴，然后进行清单名称修改。

(5)分部整理。单击“整理清单”按钮，在下拉列表中选择“分部整理”命令，如图 5-22 所示，在弹出的“分部整理”对话框中勾选“需要章分部标题”，如图 5-23 所示。

单击“确定”按钮，系统会按照计价规范的章节编排增加分布行，并建立分部行和清单行的归属关系，如图 5-24 所示。

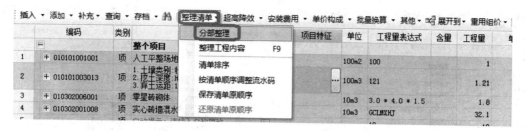

图 5-22 选择"分部整理"命令

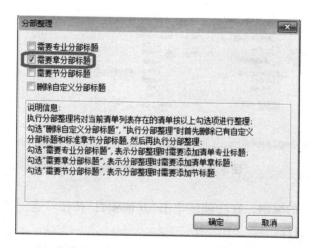

图 5-23 "分部整理"对话框

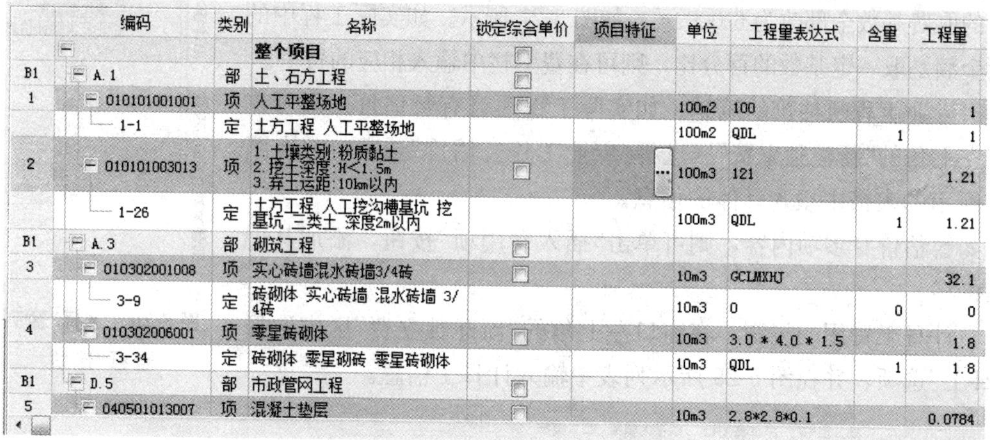

图 5-24 进行分部整理后的清单

2. 编制建筑工程的措施项目、其他项目清单

通过以上操作就编制完成了建筑工程的分部分项工程量清单,接下来编制措施项目、其他项目清单。

(1)措施项目清单的编制。在功能区单击"措施项目"按钮,打开措施项目清单编辑窗口,按备注提示进行相应更改即可,如图 5-25 所示。

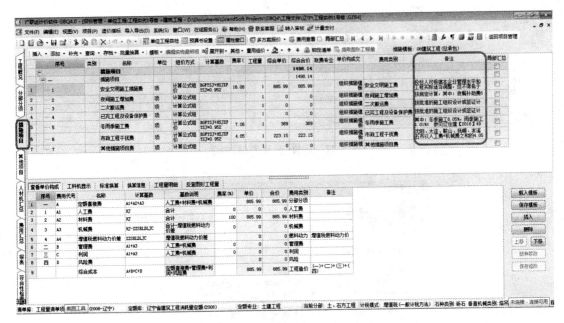

图 5-25 措施项目清单编辑窗口

(2)其他项目清单的编制。在功能区单击"其他项目"按钮,进入其他项目清单编辑窗口。

1)暂列金额的编制。在窗口左上角的"新建独立费"区选择"其他项目"中的"暂列金额"选项,如图 5-26 所示。将不可预见费、检验试验费的取费基数全部改为 6 000 元,如图 5-27 所示。如实际工程中的暂列金额是取一定基数的百分比,则可在费率栏中输入相应的费率。

2)专业工程暂估价的编制。如实际工程项目有暂估价,则可在窗口左上角的"新建独立费"区选择"专业工程暂估价"选项,并在图 5-28 所示的表格中填入具体的信息。

如暂估价有多项内容,则可单击"插入费用项"按钮,添加其他暂估价项。

3)计日工费用的编制。在窗口左上角的"新建独立费"区中选择"计日工"选项,并在图 5-29 所示列表中输入计日工信息。

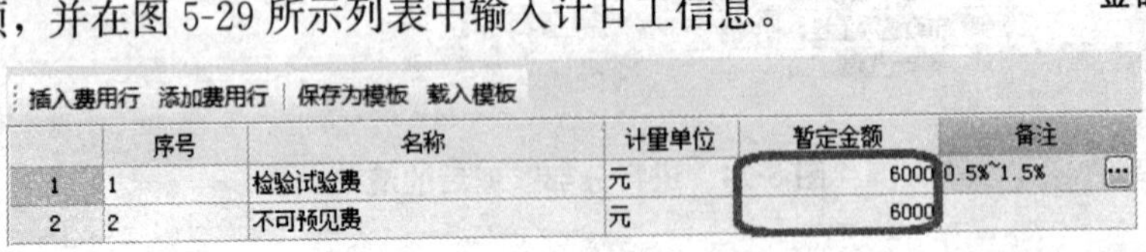

图 5-26 选择"暂列金额"选项

图 5-27 暂定金额的编制

4)总承包服务费的编制。在窗口左上角的"新建独立费"区选择"总承包服务费"选项,并将"发包人发包专业工程服务费"的项目价值改为 30 000 元,如图 5-30 所示。

(3)查看报表。单击功能区上方的"报表"按钮,打开"预览整个项目报表"窗口,可查看本建筑工程的报表(如分部分项工程和措施项目计价表等),如图 5-31 所示。

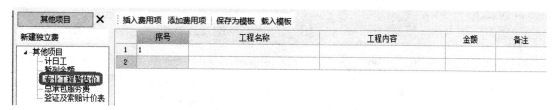

图 5-28 专业工程暂估价的编制

图 5-29 计日工费用的编制

图 5-30 总承包服务费的编制

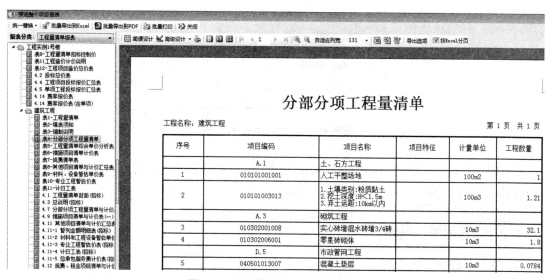

图 5-31 "预览整个项目报表"窗口

1)可将单张报表导出为 Excel 形式的文件。单击右上角的"导出到 Excel"按钮,在保存界面输入文件名,单击"保存"按钮。

2)也可单击窗口左上方的"批量导出到 Excel"按钮,打开"导出到 Excel"对话框,勾选需要导出的报表后,单击"导出选项"按钮,如图 5-32 所示,弹出"导出选项"对话框,设置完成相关的导出参数后再单击"确定"按钮,在弹出的"浏览文件夹"对话框中选择 Excel 文件的保存位置,单击"确定"按钮即可,如图 5-33 所示。

图 5-32 "导出到 Excel"对话框

图 5-33 "浏览文件夹"对话框

(4)保存并退出。通过以上步骤就编制完成了建筑工程的工程量清单,单击"退出"按钮返回招标管理主界面,然后单击"保存"按钮。

5.1.3 生成电子招标书

1. 招标书自检

编制好清单文件后,在主界面上方单击"单位工程自检"按钮,如图 5-34 所示,在弹出的"单位工程自检"对话框中单击"检查"按钮,如图 5-35 所示。

图 5-34 "单位工程自检"按钮

如果工程量清单存在错漏、重复项,系统显示检查结果可根据提示进行相应的修改,直至出现"检查结果未发现异常"的提示。

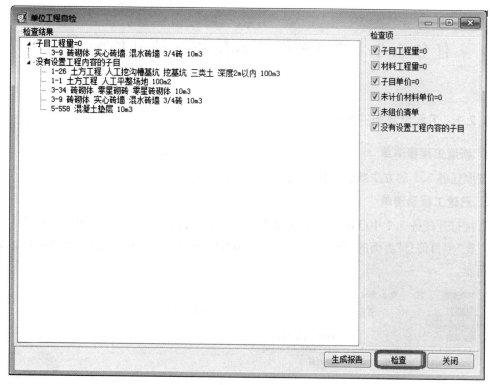

图 5-35 "单位工程自检"对话框

2. 生成电子招标书

执行"发布招标书"→"生成/导出招标书"→"生成招标书"命令,如图 5-36 所示,系统弹出"确认"对话框,系统提示生成标书之前,最好进行自检,以免出现不必要的错误,如已检查则单击"取消"按钮,选择"导出招标书"命令。选择存储路径后,则可导出招标书工程量清单和电子招标文件,如果多次生成招标书,则导出界面会保留多个电子招标文件。

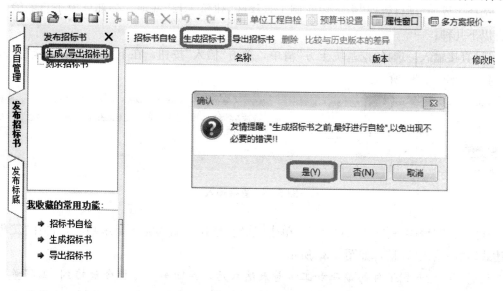

图 5-36 生成招标书

任务 5.2　工程实例 1 号楼招标控制价的编制

5.2.1　工程量清单的编制

1. 新建工程量清单

按照任务 5.1 的方法新建工程实例 1 号楼的工程量清单。

2. 已建工程量清单

直接打开任务 5.1 中已保存的工程量清单文件，并选择主界面"项目管理"下的 1 号楼工程，在"项目信息"界面的"项目附加信息"选项中可按实际工程信息输入附加信息，如图 5-37 所示。

图 5-37　输入项目附加信息

5.2.2　分部分项定额组价

1. 输入子目

选择主界面"项目管理"中工程实例 1 号楼的"建筑工程"选项，分部分项子目的输入方法有以下几种：

（1）直接输入。选择"挖基坑土方"清单，单击"插入"按钮，在下拉列表中选择"插入子目"命令，如图 5-38 所示。

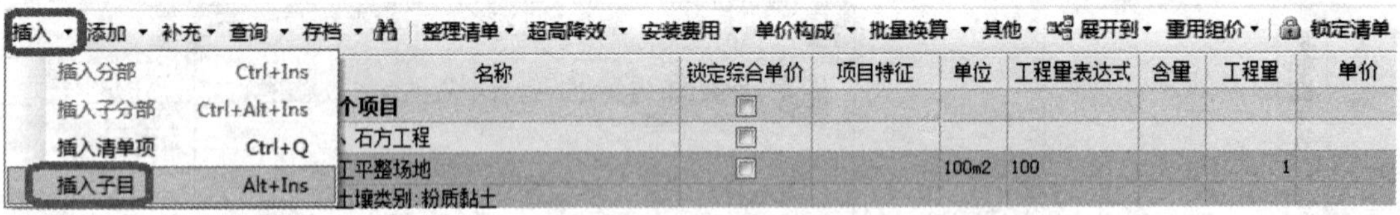

图 5-38　直接输入

在空行的"编码"列输入"A1-26"，单击"确定"按钮，输入完子目编码后，再在"工程量表达式"栏中输入"121"，如图 5-39 所示。

说明：①输入完子目的编码和工程量表达式后，按回车键光标会跳格到"工程量"列，再次按回车键会在子目下插入一个空行，光标自动跳转到空行的"编码"列，这样能通过回

图 5-39 输入工程量

车键实现来回快速切换。

②清单下面都会有主子目,其工程量一般和清单项目的工程量相等。如果子目工程量表达式和清单工程量表达式量相等,则子目工程量表达式将默认为"QDL"(清单量的拼音首字母);如果子目工程量和清单量的工程量不相等,则需要自行输入子目工程量。

(2)查询输入。查询输入有以下两种方法:

1)先选中"挖基坑土方"清单项,在主界面上方从"结构管理"界面找到"查询"按钮,进行定额输入。在"查询"界面中选择"查询定额"命令,如图 5-40 所示,根据项目特征需要找到"实心砖墙混水砖墙 3/4 砖"定额。单击"确定"按钮即可录入,如图 5-41 所示。

图 5-40 选择"查询定额"命令(一)

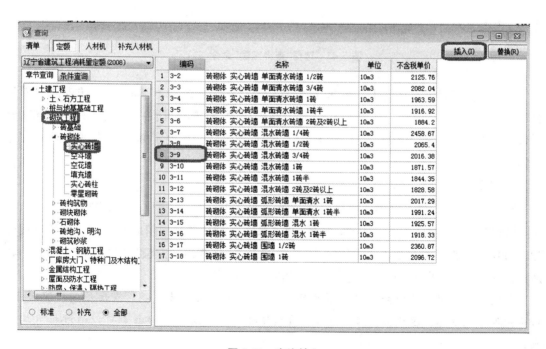

图 5-41 查询输入

输入完子目的编码后,再在"工程量表达式"栏输入对应的工程量"21.208",如图 5-42 所示。

图 5-42 输入工程量

2)选中零星砖砌清单,单击鼠标右键,在弹出的快捷菜单中选"查询"选项,在下拉列表中选择"查询定额"命令,如图 5-43 所示。

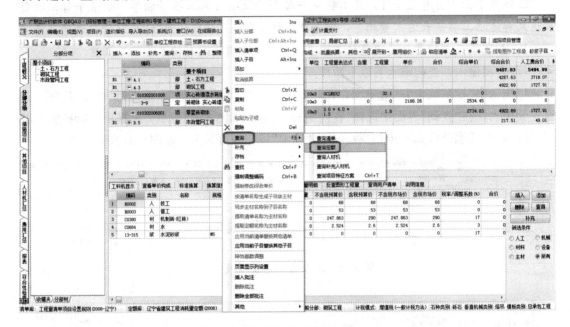

图 5-43 选择"查询定额"命令(二)

在弹出的"查询"对话框中,选择"辽宁省建筑工程消耗量标准 2008"→"砖砌体 零星砖砌 零星砖砌体"定额,如图 5-44 所示,在弹出的"换算"对话框中单击"确定"按钮(此项没有换算),并在"工程量表达式"栏输入相应工程量。其他定额项目均可按以上方法输入。

2. 换算

(1)标准换算。选择砖砌墙清单,单击"标准换算"按钮,在弹出的"换算"对话框中单击"水泥砂浆 M5"右侧的小三点按钮,换算为"水泥砂浆 M7.5",如图 5-45 所示。换算完成后单击"确定"按钮,"工程量表达式"栏可默认为"QDL",换算后的定额类别为"换",如图 5-46 所示。按上述同样的方法可对其他定额进行组价并换算。

说明:标准换算可以处理的换算内容包括定额书中的章节说明、附注信息、混凝土、砂浆强度等级换算、运距、板厚换算等。在实际工作中,大部分换算都可以通过标准换算来完成。

(2)系数换算。选中"挖基坑土方"清单下的"A1-26"子目,选择子目"编码"列,使其处于可编辑状态,在子目编码中输入"*0.9",如图 5-47 所示,系统会自动将这条子目的单价乘以系数 0.9,如图 5-48 所示。

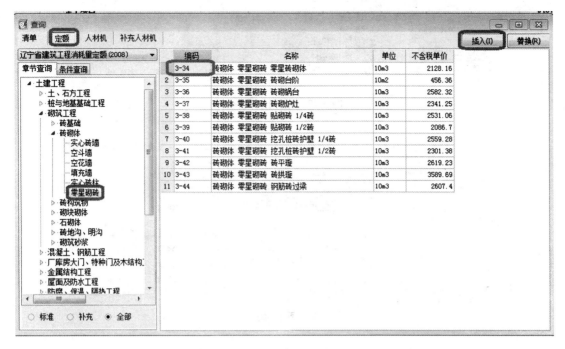

图 5-44 选择定额子目

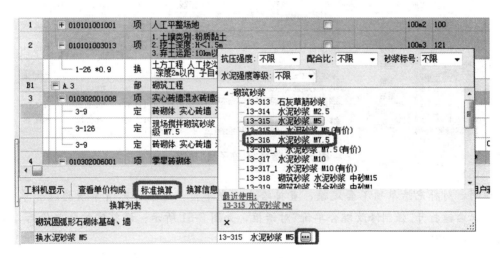

图 5-45 标准换算(一)

图 5-46 标准换算(二)

3. 补充子目

选择需要补充的清单,单击"补充"按钮,在下拉列表中选择"子目"选项,如图 5-49 所示,在弹出的"补充子目"对话框中,输入编码、专业章节、名称、单位和单价等信息,单击"确定"按钮即可补充子目,如图 5-50 所示。

· 153 ·

图 5-47 系数换算(一)

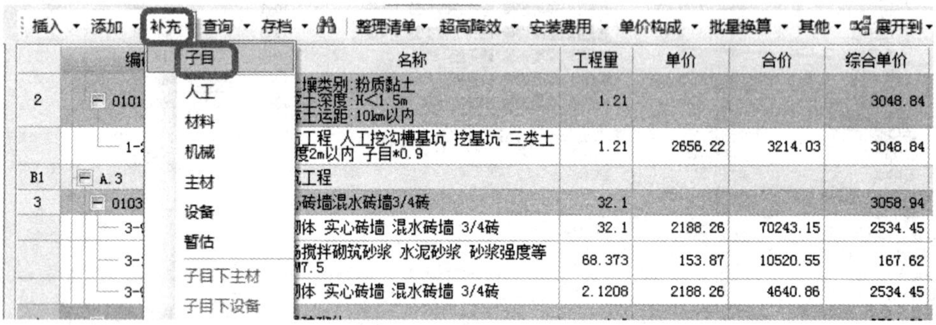

图 5-48 系数换算(二)

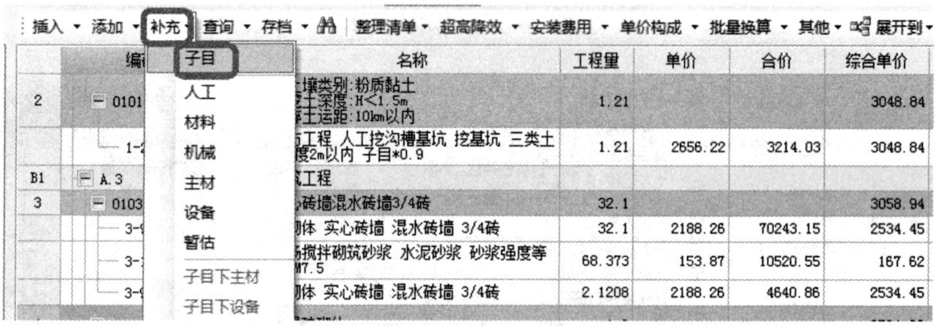

图 5-49 选择"补充子目"功能

说明：对补充清单项不套定额，直接给出综合单价。选中补充清单项的综合单价列，单击鼠标右键打开"强制修改综合单价"对话框，如图 5-51 所示；调整完综合单价后，单击"确定"按钮即可。

5.2.3 措施项目、其他项目清单组价

1. 措施项目清单组价

(1)措施项目清单组价的方式。措施项目清单组价方式分为计算公式组价、定额组价、实物量组价。

1)计算公式组价：措施项目费用由"计算基础×费率"来计算。例如夜间施工增加费(缩短工期措施费)的计价方式由"人工费(计费基数)×费率(3％，自行输入)"计算出来。

2)定额组价：措施项目费是由套入的定额来计算的。例如，矩形柱模板是套入定额和编入对应的工程量计算出来的。

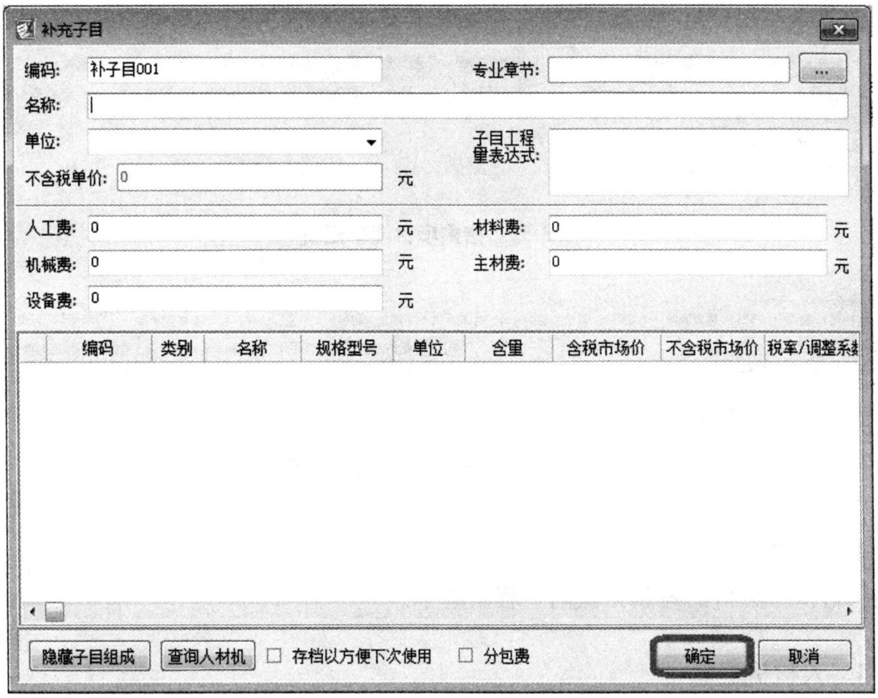

图 5-50 "补充子目"对话框

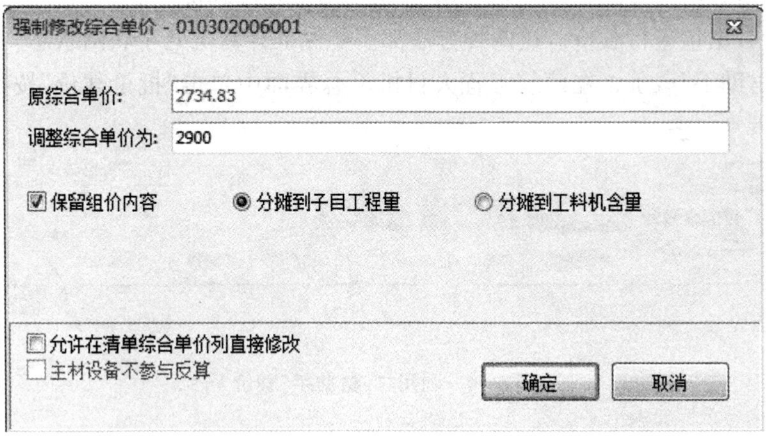

图 5-51 "强制修改综合单价"对话框

3)实物量组价:措施项目费是由具体的实物单价与数量计算出来的。例如,施工降排水费是由具体的人工费、机械费、材料费组成的。

(2)编辑措施项目清单组价。打开"单项措施费"下拉列表,并在措施项目界面选中"单价措施费",再单击"添加"按钮,在下拉列表中选择"添加标题"命令,如图 5-52 所示。

在新添加的标题行输入"总价措施项目",如图 5-53 所示。

(3)定额组价方式。定额组价方式也称直接套定额,主要用于单价措施项目清单组价。

(4)实物量组价方式。根据工程实际发生的项目即可。按上述方法可将建筑工程、装饰装修工程等的措施项目进行清单组价。

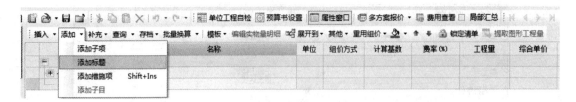

图 5-52 措施项目清单组价

图 5-53 输入"总价措施项目"

2. 其他项目清单组价

其他项目清单组价的编制方法同工程量清单。

5.2.4 人材机汇总

1. 载入信息价

载入信息价有两种方法,一种是利用"广材助手"进行载价(此法较常用);另一种是通过安装信息价数据包进行载价。这两种方法都需要保证计算机处于联网状态。

利用"广材助手"载价,在建筑工程人材机汇总界面中单击"批量载价"按钮,如图 5-54 所示。

图 5-54 利用"广材助手"载价

在弹出的"批量载价"界面中将两个数据包都选为"沈阳 2019 年 1 月份"的价格(购买广材数据包可以使用市场价、专业测定价),如图 5-55 所示。

单击"下一步"按钮,打开"调整材料价格"界面,对待载价格可根据需要进行调整,如图 5-56 所示。

单击"下一步"按钮,系统会按照信息文件价格修改材料市场价。

2. 直接修改材料价格

根据提供的材料价格,在建筑工程人材机汇总界面可直接修改对应的材料价格。

3. 设置甲供材料或暂估价

设置甲供材料或暂估价有逐条设置和批量设置两种方法。

(1)逐条设置。选择一种材料,选中供货方式单元格,在下拉列表中选择"完全甲供"选

图 5-55 "批量载价"界面

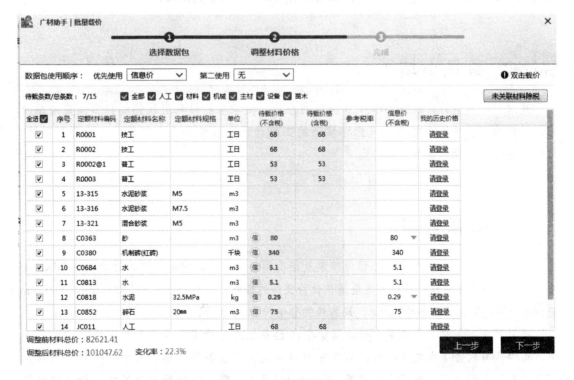

图 5-56 "调整材料价格"界面

项或者勾选选中材料的暂估价。

(2)批量设置。通过拉选的方式选择多种材料,单击鼠标右键,在快捷菜单中选择"批量修改"命令,在弹出的"设置人材机属性"对话框中单击"设置值"按钮,在下拉列表中选择

"完全甲供"选项，或者单击"设置值"按钮，在下拉列表中选择"暂估材料"选项，单击"确定"按钮退出。

4. 人材机汇总界面相关表格的应用

在人材机汇总界面的"项目管理"栏有人工表、材料表、机械表、设备表、主材表、分部分项人材机、措施项目人材机、发包人供应材料和设备、主要材料指标表、承包人主要材料和设备、主要材料表、暂估材料表。对其可以查看、编辑。

5.2.5 报表的编辑与打印

(1)查看报表并导出。报表编辑完成后，可在任意标签栏下单击工具栏中的"报表"按钮，打开"预览整个项目报表"对话框，查看工程的所有报表。

(2)打印输出报表。单击"批量打印"按钮则打印当前报表；单击"批量导出到 Excel"按钮，可将当前报表输出为 Excel 格式的文件。

在编辑招标工程量清单和编辑招标控制价、投标报价和工程结算时，所需要的报表是不一样的，或者说每个地区对报表的要求不一样。每次打印报表时，选择报表集合和追加其他特殊表格，一次性打印输出即可，而不需要选择性地打印单张报表，这样既能节省打印时间，提高效率，又能满足不同预算编制阶段对报表的不同需求。

项目小结

通过对广联达计价软件 GBQ4.0 应用的介绍，使学生能够利用软件编制工程量清单及招标控制价，能够解决电子招投标环境下的工程计价和招投标业务问题，使计价更高效、招标更便捷、投标更安全。

技能训练

根据表 5-1~表 5-3 所给的工程量清单及组价项目工程量，利用广联达计价软件 GBQ4.0 按相关规范要求完成建筑工程工程量清单计价文件的编制。工程为 1 号楼，600 mm×600 mm 瓷制地板砖的暂估价为 800 元/m^2，踢脚线的暂估价为 80 元/m^2。

成果要求：上交电子成果一份，其储存在 D 盘以自己的专业学号和姓名命名的文件夹中。其内应有软件生成文件一份，有多份时以生成时间最晚的为准，其余的无效。文件夹中还应有导出的一系列电子表格文件(需全套)。另外，需上交一份装订好的、标注有自己姓名和时间的打印稿，打印符合清单报价文本成果要求的封面、单位工程投标报价汇总表、分部分项工程量清单/措施项目清单与计价表(带定额)和工程量计算单。

工具：广联达计价软件 GBQ4.0、《房屋建筑与装饰工程工程量清单计算规范》(GB 50854—2013)、《辽宁省建设工程计价依据 建筑工程定额(2008)》。

表 5-1 分部分项工程量清单与计价表

序号	项目编码	项目名称及特殊描述	计量单位	工程量
	一	楼地面装饰工程		
1	020102002023	陶瓷地砖防水地面 1. 8~10厚地砖铺实拍平，水泥浆擦缝或1:1水泥砂浆填缝 2. 20厚1:4干硬性水泥砂浆 3. 1.5厚1:2水泥浆找平 4. 50厚C15细石混凝土找坡不小于0.5%，最薄处不小于30 5. 60或80厚C15混凝土 6. 素土夯实	m²	62.22
	B1-56	陶瓷马赛克楼地面拼花	m²	6.38
	A9-21	楼地面工程垫层现浇混凝土垫层不分格	10 m²	0.638
	A9-28	找平层水泥砂浆混凝土或硬基层上20 mm	100 m²	0.622
	A9-31	找平层细混凝土30 mm	100 m²	0.622
2	010105003001	面砖踢脚 1. 17厚1:3水泥砂浆 2. 3~4厚1:1水泥砂浆加水重20%建筑胶镶贴 3. 8~10厚面砖，水泥浆擦缝	m²	20.96
	B1-128	陶瓷地面砖踢脚线	100 m²	0.166
	二	天棚工程		
3	020302001071	铝扣板吊顶高度3 m	100 m²	62.22
	B3-71（借）	铝扣板吊顶高度3 m	100 m²	62.22

表 5-2 措施项目清单与计价表

序号	项目名称	计算基础	费率/%	金额/元
1	夜间施工增加费（缩短工期措施费）			1 500.00
2	二次搬运费	分部分项材料费	5	
3	冬雨期施工增加费			
4	大型机械设备进出场及安拆费（包括基础及轨道铺拆费）			3 000.00
5	施工排水费			2 000.00
	合计			

表 5-3 其他项目清单与计价汇总表

序号	项目名称	计量单位	金额/元	备注
1	暂列金额	元	10 000.00	
	合计			

参 考 文 献

[1] 中华人民共和国住房和城乡建设部. GB 50500—2013 建设工程工程量清单计价规范[S]. 北京：中国计划出版社，2013.
[2] 中华人民共和国住房和城乡建设部. GB 50010—2010 混凝土结构设计规范（2015年版）[S]. 北京：中国建筑工业出版社，2015.
[3] 中国建筑科学研究院. GB 50204—2015 混凝土结构施工质量验收规范[S]. 北京：中国建筑工业出版社，2015.
[4] 莫荣锋，万小年. 工程自动算量软件应用[M]. 北京：华中科技大学出版社，2014.
[5] 万小年，孙俪. 工程造价软件应用[M]. 北京：中国石油大学出版社，2017.
[6] 鸿图教育. 造价实战操作篇——讲效率不拖延[M]. 北京：清华大学出版社，2018.

附录　工程实例1号楼施工图纸

建筑施工图图纸目录

建设单位					工程号	
项目			工程实例1号楼		图号	
序号	图别	图号		图纸名称	备注	
1		0		图纸目录		
2	建施	01		建筑设计说明（一）		
3	建施	02		建筑设计说明（二）		
4	建施	03		建筑设计说明（三）		
5	建施	04		一层平面图		
6	建施	05		二层平面图		
7	建施	06		三、四层平面图		
8	建施	07		屋面层平面图		
9	建施	08		①～⑫轴立面图　⑫～①轴立面图		
10	建施	09		Ⓐ～Ⓓ轴立面图　Ⓓ～Ⓐ轴立面图 1—1剖面图　　2—2剖面图		
11	建施	10		楼梯详图		
12	建施	11		门窗明细表　门窗大样图		

建筑设计说明

一、工程设计主要依据

（1）甲方提供的设计任务委托书；
（2）建设用地规划许可证；
（3）市规划部门提供的定线图；
（4）办公建筑设计规范；
（5）宿舍建筑设计规范；
（6）厂房建筑模数协调标准；
（7）现行中华人民共和国有关法规、规范。

二、设计范围

按照设计合同规定，我院仅承担本工程建设用地红线图内的建筑结构（含该建筑在总图位置的标定），给水、排水、采暖、通风、空调、电气、通信、动力等专业的设计，但不包括室内高级装修工程，相关工艺专业工程及必须由有关部门设计的设备站房等。

三、工程概况

规划用地范围内为厂区，厂区内有办公楼、宿舍楼、厂房等建筑。工程项目技术经济指标见表1。

表1 工程项目技术经济指标总表

项目名称		用地位置	沈阳经济区
		用地单位	
用地主要经济技术指标			
总用地面积	4.66 hm^2	建筑基地面积	16 114.83 m^2
总建筑面积	29 548.8 m^2	容积率	0.86
		绿化率	28%
办公楼			
建筑性质	办公	层数	4
设计使用年限	50年	结构类型	框架结构
建筑类别	二类	抗震设防烈度	七度
建筑耐火等级	二级		
宿舍			
建筑性质	住宿	层数	4
设计使用年限	50年	结构类型	框架结构
建筑类别	二类	抗震设防烈度	七度
建筑耐火等级	二级		
厂房			
建筑性质	办公	层数	1
设计使用年限	50年	结构类型	钢结构
建筑类别	二类	抗震设防烈度	七度
建筑耐火等级	二级		

四、层高和层楼

（1）办公楼：地上4层，各层层高均为3.6 m；
（2）宿舍楼：地上4层，一层层高为3.9 m；二～四层层高均为3.3 m；
（3）厂房：厂房为一层，单层高为9.5 m；
（4）立面设计：参见各单位工程立面图。

五、主要建筑构造

墙体：
（1）墙、柱、基础及砌体砂浆强度等级均见结施图。
（2）外墙：外墙均为250 mm厚陶粒空心砌块，M7.5混合砂浆砌筑，贴30厚FTC自调温相变保温材料（图1）。

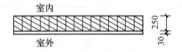

图1

（3）内墙：200 mm厚陶粒空心砌块，M7.5混合砂浆砌筑；卫生间局部隔墙为100 mm陶粒空心砌块；首层墙下的墙体为标准灰砖墙，M7.5水泥砂浆砌筑，位置：地梁顶到首层层底。
（4）卫生间砌体墙根部做素混凝土带一圈，宽度同墙厚，高度为200 mm。
（5）砖砌管道井待设备及管道安装完毕后将缝隙密封。各工种穿墙孔洞均需在管线安装完毕后将缝隙密封。
（6）填充墙的技术细则须遵照《非承重混凝土小型空心砌块墙体技术规程》（SJG 06—1997）的各项要求执行。
（7）墙体相对密度要求、构造、砌筑方法，砌块墙的构造柱，洞口加强和设置的过梁均按结构设计总说明施工，隔墙均砌至梁底或板底。

六、楼地面

（1）工程回填土时应分层予以夯实，夯实每层厚度不超过300 mm，人工夯实每层厚度不超过200 mm。
（2）所有卫生间等用水房间部分的现浇楼板一定要保证密实性、整浇性并做好防水，防水层构造选用聚氨酯涂膜防水2 mm，防水层四周卷起150 mm高。

建施-01	建筑设计说明（一）

附图1 建筑设计说明（一）

（3）有地漏的房间均由门口处向地漏方向找坡0.5%，本工程楼地面做法详见工程做法表。楼面除注明处外，楼地面局部结构板面降低范围、标高与建筑设计面层有高差处，找坡找平填料采用1：6水泥炉渣。

七、屋面

（1）本工程屋面为不上人屋面，屋面构造详见工程做法表。屋面排水方式为外排水，屋面排水坡度为2%，详见屋面排水示意图。

（2）屋面防水等级为二级，设防要求为两道设防，屋面防水层构造：屋面防水材料采用（3+3）mm厚SBS改性沥青防水卷材，具体要求及生产厂家由建设单位自行确定，材料性能指标应符合相关规范要求。

（3）防水卷材基层与突出屋面结构的连接处及基层的转角处，抹面应做成钝角，斜面宽度不应小于100 mm。

（4）凡高低跨屋面、女儿墙转折处、泛水、水落口及其他阴阳角处或放置设备设施的细部防水构造应进行重点处理。所有混凝土构件内预埋水落口的标高及位置务必找准，在施工中严防杂物进入。

八、门窗工程

本工程门窗表中的尺寸表示门窗洞口尺寸，厂家制作时要参照门窗立面图并经实地测量且核对数量后再加工制作。

本设计仅给出塑钢门窗的洞口尺寸、分隔控制尺寸及开启方向，其具体构造、埋件、防水处理、强度计算等技术性问题，均由加工单位负责。

（1）单元门为不锈钢地弹簧门（电子对讲），入户门为防盗门，其余内门为实木门（定做）。

（2）窗采用单框双玻中空塑钢窗，传热系数不得大于2.2W/（m²·K），且需满足行业规范要求，做到保温、不结露。

单框双玻中空塑钢的保温性能不应低于8级水平，按《建筑外门窗保温性能分级及检测方法》（GB/T 8484—2008）执行。

（3）空气渗透性能多层不应低于4级，十层以上应选用5级，按《建筑外门窗气密、水密、抗风压性能分级及检测方法》（GB/T 7106—2008），玻璃为无色透明玻璃，塑钢窗框为墨绿色窗框，详见门窗表。

本工程门窗须牢固与墙、梁、柱相连接，凡应设埋件而未设者，应用射钉枪或膨胀螺栓补设。

九、埋件、构件的防腐、防锈

所有埋入墙体的木构件均需满涂沥青进行防腐处理，露明部分刷底漆一道、调和漆两道；金属构件（铝合金除外）均先除锈，刷防锈漆一道、调和漆两道。

十、节能设计

本工程节能标准住宅部分按65%设计，车库、商业网点部分按50%设计，均满足节能设计要求，详见节能建筑设计热工计算表。

十一、建筑消防

另见消防专篇。

十二、其他施工注意事项

（1）由于该工程比较复杂，应仔细放线后方可施工。

（2）工种配合：本工程所有预留孔洞、管道安装及埋件等请施工单位认真对照各有关图纸，确认无误方可施工。

（3）工程设计中选用的标准图，其局部尺寸与本设计不符时，以本设计图纸为准；局部特殊构造处理见相关详图。

（4）其他未尽事宜除参见图纸外，均应严格执行国家现行有关设计、施工质量验收规范的有关规定。

（5）本套图纸未经有关部门审核批准，不得施工。

（6）对设计图纸不详之处或发现问题，请及时与我设计院取得联系。

表2 工程做法表

楼层及部位	房间名称	楼地面	踢脚	内墙面	顶棚	吊顶
地上一层	办公室	地20	踢脚21	内墙7涂24	顶4涂24	
	卫生间	地53		内墙11		铝扣板吊顶高度3 m
	走廊	地20	踢脚21	内墙7涂24	顶4涂24	
	大厅	地20	踢脚21	内墙7涂24	顶4涂24	
	车库	地2		内墙7	顶4	
	楼梯间	地20	踢脚21	内墙7涂24	顶4涂24	
地上其他层	办公室	楼10	踢脚21	内墙7涂24	顶4涂24	
	卫生间	楼27		内墙11		铝扣板吊顶高度3 m
	走廊	楼10	踢脚21	内墙7涂24	顶4涂24	
	会议室	楼10	踢脚21	内墙7涂24	顶4涂24	
	楼梯间	楼10	踢脚21	内墙7涂24	顶4涂24	
其他部位	屋面	05J1-屋12不上人屋面，屋面防水选用SBS卷材防水一道，保温层用70厚模塑聚苯板				
	外保温	30厚FTC自调温相变保温材料，具体详见工程做法表				
	外墙保温	05J1-外墙13，具体详见工程做法表				
	台阶	05J1-台1，具体详见工程做法表				
	散水	05J1-散1，具体详见工程做法表				
	残疾人坡道、车库坡道	05J1-坡，具体详见工程做法表				

附图2 建筑设计说明（二）

编号	名称	用料做法	参考指标	附注
地1 60厚混凝土 地2 80厚混凝土	水泥砂浆地面	1.20厚1:2水泥砂浆抹面压光 2.素水泥浆结合层一遍 3.60或80厚C15混凝土 4.素土夯实	总厚度：80 100	大于25 m²的房间，其面层宜按开间做分格处理，由单项工程设计确定
地19 80厚混凝土 地20 100厚混凝土	陶瓷地砖地面	1.8~10厚地砖铺实拍平，水泥浆擦缝 2.20厚1:4干硬性水泥砂浆 3.素水泥浆结合层一遍 4.素土夯实	总厚度：110 130	1.陶瓷地砖又名地砖或地面陶瓷砖。 2.地砖规格、品种详见单项工程设计。 3.地砖如需离缝铺贴，应在单项工程设计中注明，并用1:1水泥砂浆填缝
地52 60厚混凝土 地53 80厚混凝土	陶瓷地砖防水地面	1.8~10厚地砖铺实拍平，水泥浆擦缝或1:1水泥砂浆填缝 2.20厚1:4干硬性水泥砂浆 3.1.5厚1:2水泥浆找平 4.50厚C15细石混凝土找坡不小于0.5%，最薄处不小于30 5.60或80厚C15混凝土 6.素土夯实	总厚度：157 177	1.陶瓷地砖又名地砖或地面陶瓷砖。 2.适用于浴厕、卫生间。 3.防水涂料也可由单项工程设计另选。 4.地砖如需离缝铺贴，应在单项工程设计中注明，并用1:1水泥砂浆填缝
楼27	陶瓷锦砖防水地面	1.4~5厚地砖铺实拍平，水泥浆擦缝 2.20厚1:4干硬性水泥砂浆 3.1.5聚氨酯防水涂料，面撒黄砂，四周沿上墙上翻150高。 4.刷基层防水处理剂 5.15厚1:2水泥砂浆找平 6.50厚C15细石混凝土找坡不小于0.5%，最薄处不小于30厚 7.钢筋混凝土楼板	总厚度：92 自重：2.04 kN/m²	1.陶瓷锦砖俗称马赛克。 2.适用于浴厕、卫生间。 3.防水涂料也可由单项工程设计另选
楼10	陶瓷地砖楼面	1.8~10厚地砖铺实拍平，水泥浆擦缝 2.20厚1:4干硬性水泥砂浆 3.素水泥浆结合层一遍 4.钢筋混凝土楼板	总厚度：21~30 自重：0.70 kN/m²	1.陶瓷地砖又名地砖或地面陶瓷砖。 2.地砖规格、品种详见单项工程设计。 3.地砖如需离缝铺贴，应在单项工程设计中注明，并用1:1水泥砂浆填缝
踢21 (100高) 踢22 (150高)	面砖踢脚（一）	1.17厚1:3水泥砂浆 2.3~4厚1:1水泥砂浆加水重20%建筑胶镶贴 3.8~10厚面砖，水泥浆擦缝	总厚度：28~30	1.面砖又名陶板、墙地砖。 2.面砖规格、品种详见单项工程设计
内墙7	水泥砂浆墙面（二）	1.刷建筑胶素水泥浆一遍，配合比为建筑胶：水=1:4 2.15厚2:1:8水泥石灰砂浆，分两遍抹灰 3.5厚1:2水泥砂浆	总厚度：20	适用于加气混凝土墙

内墙11	面砖墙面（一）	1.15厚1:3水泥砂浆 2.刷素水泥浆一遍 3.4~5厚1:1水泥砂浆加水重20%建筑胶镶贴 4.8~10厚面砖，水泥浆擦缝或1:1水泥砂浆勾缝	总厚度：28~30	1.面砖又名陶瓷面砖、墙地砖。 2.面砖的规格、品种、离缝详见单项工程设计。 3.也可采用专用胶粘剂粘贴
涂24	合成树脂乳液内墙涂料（乳胶漆）	1.清理抹灰基层 2.满刮腻子一遍 3.刷底漆一遍 4.乳胶漆两遍		1.乳胶漆品种，颜色详见单项工程设计。 2.根据成膜剂成分不同，可选用的乳胶漆品种主要有：丙烯酸共聚乳液系列（纯丙、苯丙、醋丙等）、有机硅-丙烯酸共聚乳液、乙烯-醋酸乙烯共聚乳液系列、聚醋酸乙烯乳液等
顶4	水泥砂浆顶棚	1.钢筋混凝土板底面清理干净 2.7厚1:3水泥砂浆 3.5厚1:1水泥砂浆 4.表面喷刷涂料另选	总厚度：12 自重：0.24 kN/m²	适用于湿度大的场所
屋12	涂料或粒料保护层屋面，不上人	1.保护层：涂料或粒料 2.防水层：按屋面说明选用 3.找平层：1:3水泥砂浆，砂浆中掺聚丙烯或锦纶-6纤维0.75~0.90 kg/m² 4.找坡层：1:8水泥膨胀珍珠岩找2%坡 5.结构层：钢筋混凝土屋面板	最薄处：20	（简图）
外墙13	面砖外墙面（二）	1.刷建筑胶素水泥浆一遍，配合比为建筑胶：水=1:4 2.15厚2:1:8水泥石灰砂浆，分两遍抹灰 3.刷素水泥浆一遍 4.4~5厚1:1水泥砂浆加水重20%建筑胶镶贴 5.8~10厚面砖，1:1水泥砂浆勾缝或水泥浆擦缝	总厚度：27~30	1.适用于加气混凝土墙。 2.面砖规格、颜色详见单项工程设计。 3.也可采用专用胶粘剂粘贴
台1	水泥砂浆台阶（一）	1.20厚1:2水泥砂浆抹面压光 2.素水泥浆结合层一遍 3.60厚C15混凝土台阶（厚度不包括踏步三角部分） 4.300厚3:7灰土 5.素土夯实		
散1	混凝土散水	1.60厚C15混凝土，面上加5厚1:1水泥砂浆随打随抹光 2.150厚3:7灰土 3.素土夯实，向外坡4%		
坡1 60混凝土 坡2 100厚混凝土	混凝土坡道	1.60或100厚C15混凝土，面上加5厚1:1水泥砂浆搓实，木抹搓平 2.300厚3:1灰土 3.素土夯实（坡度按单项工程设计）		

附图3 建筑设计说明（三）

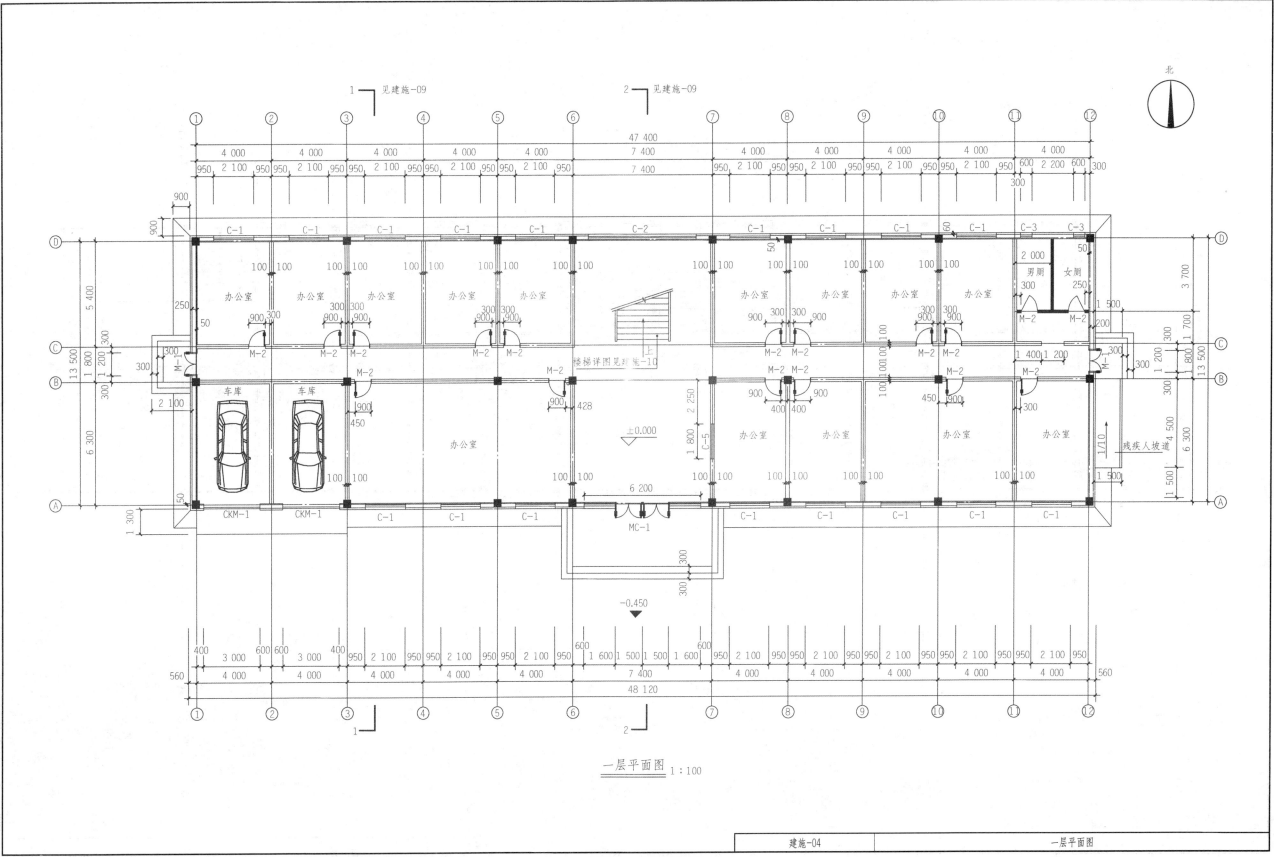

附图4 一层平面图

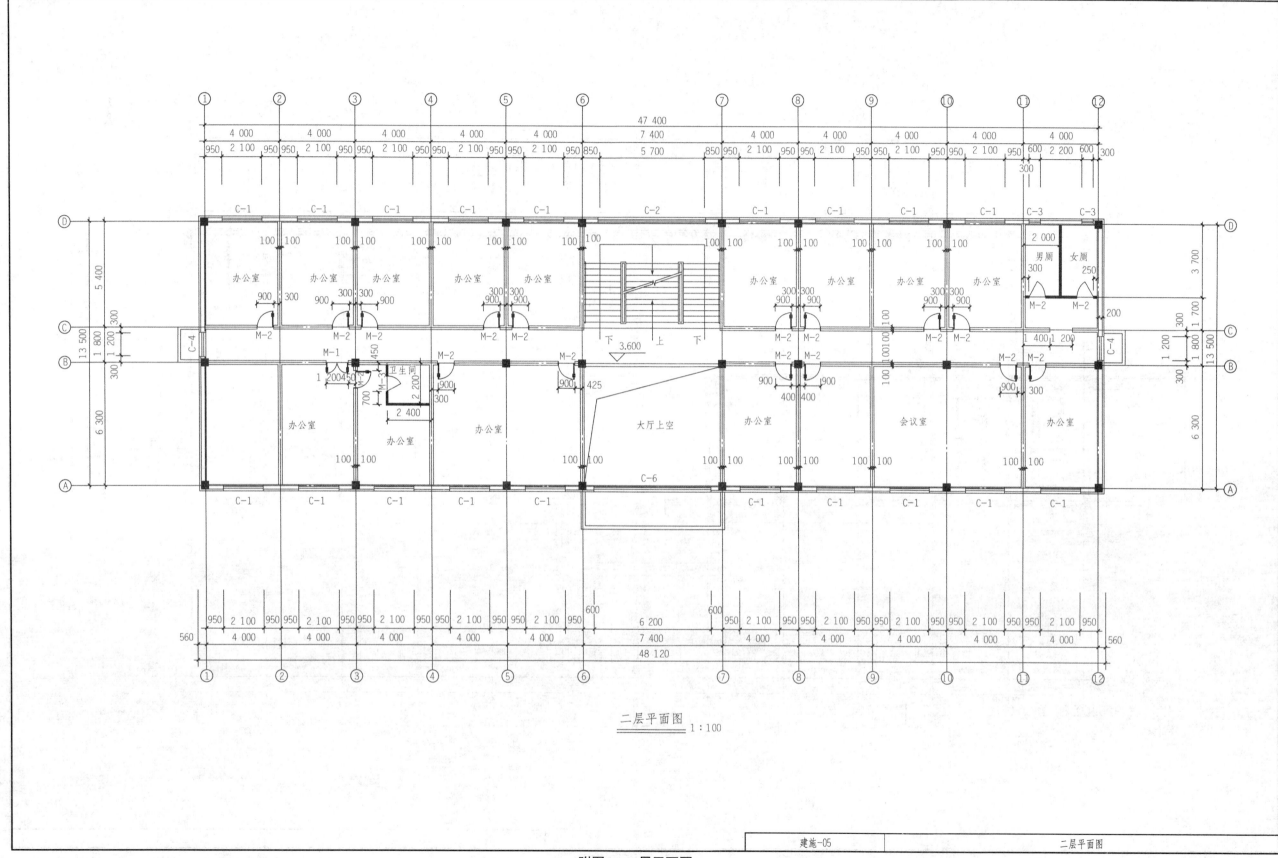

附图5 二层平面图

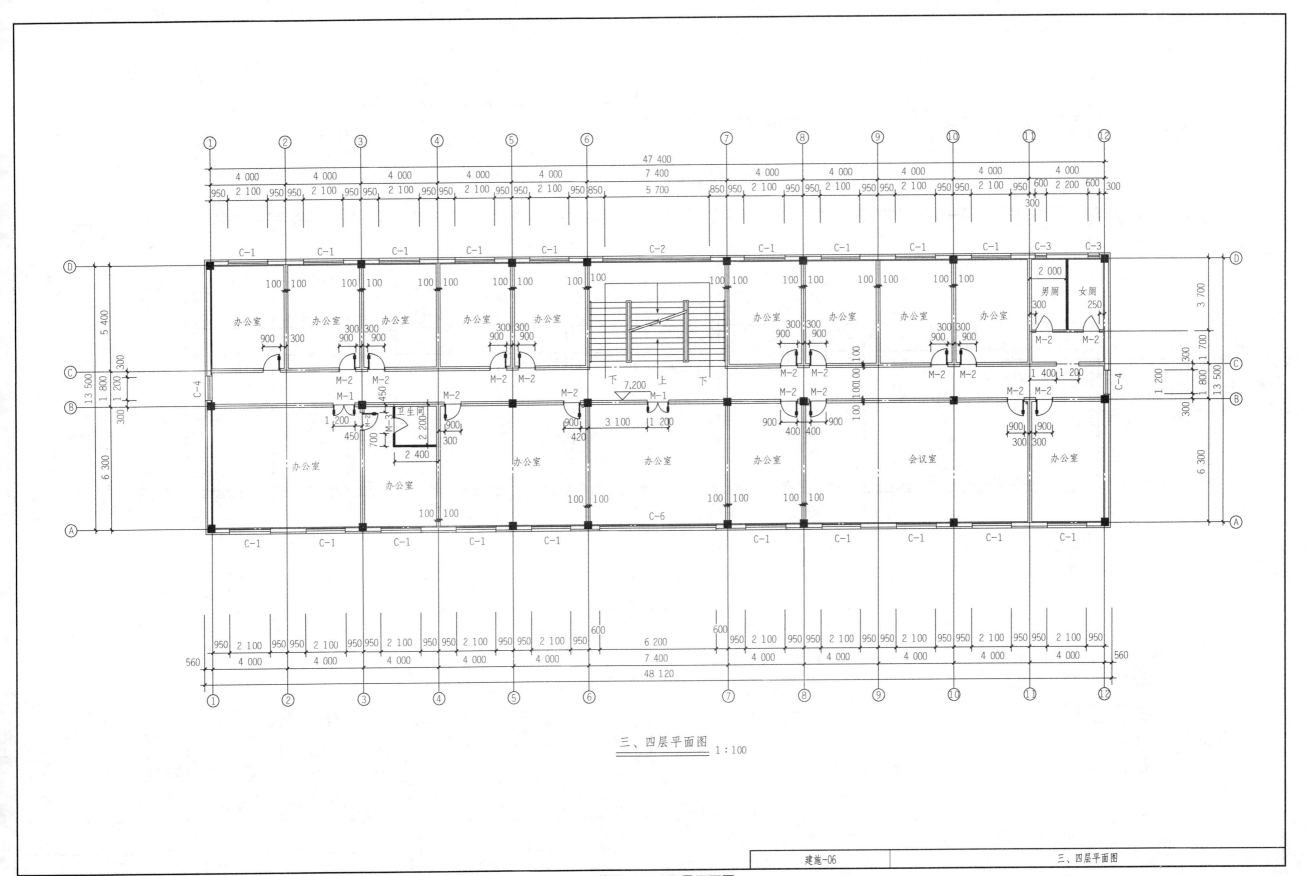

附图6 三、四层平面图

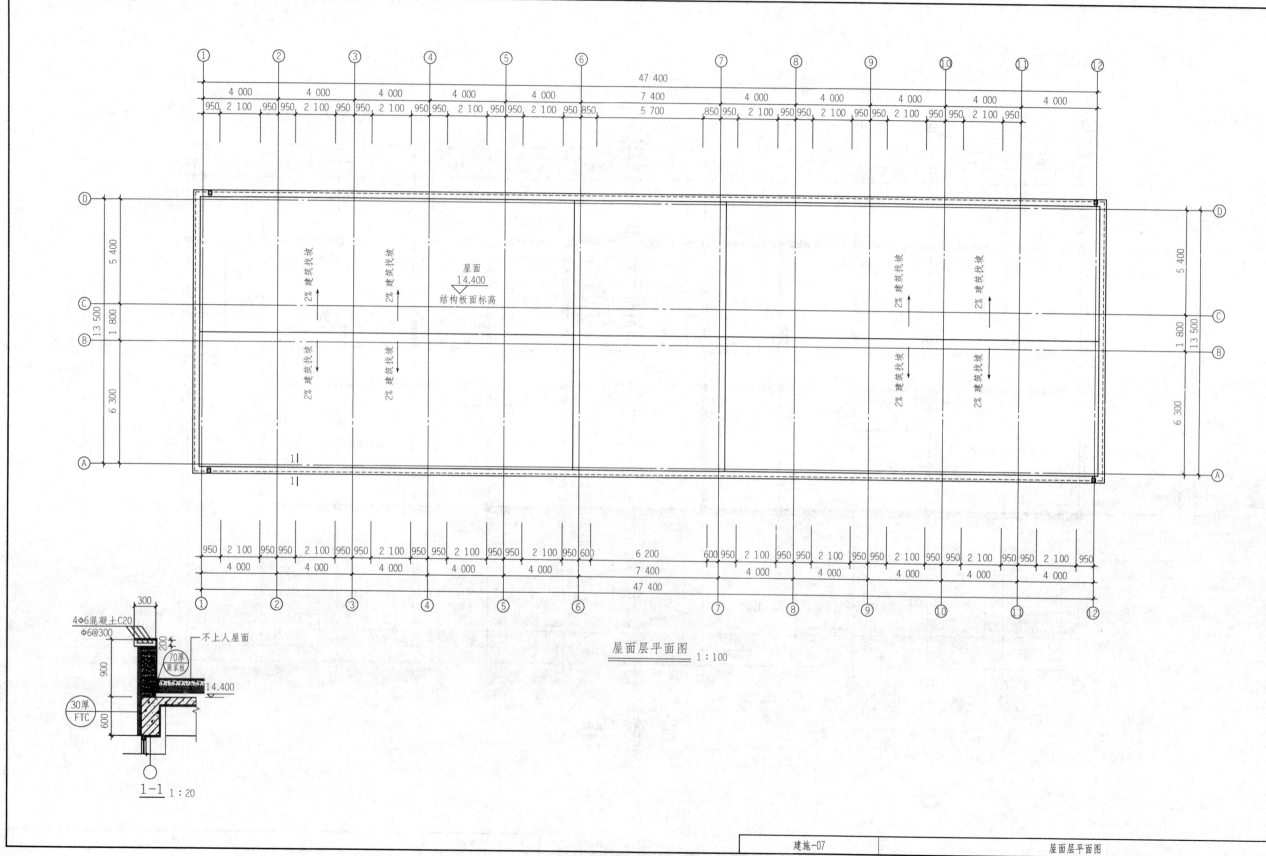

附图7 屋面层平面图

附图8 ①~⑫轴立面图、⑫~①轴立面图

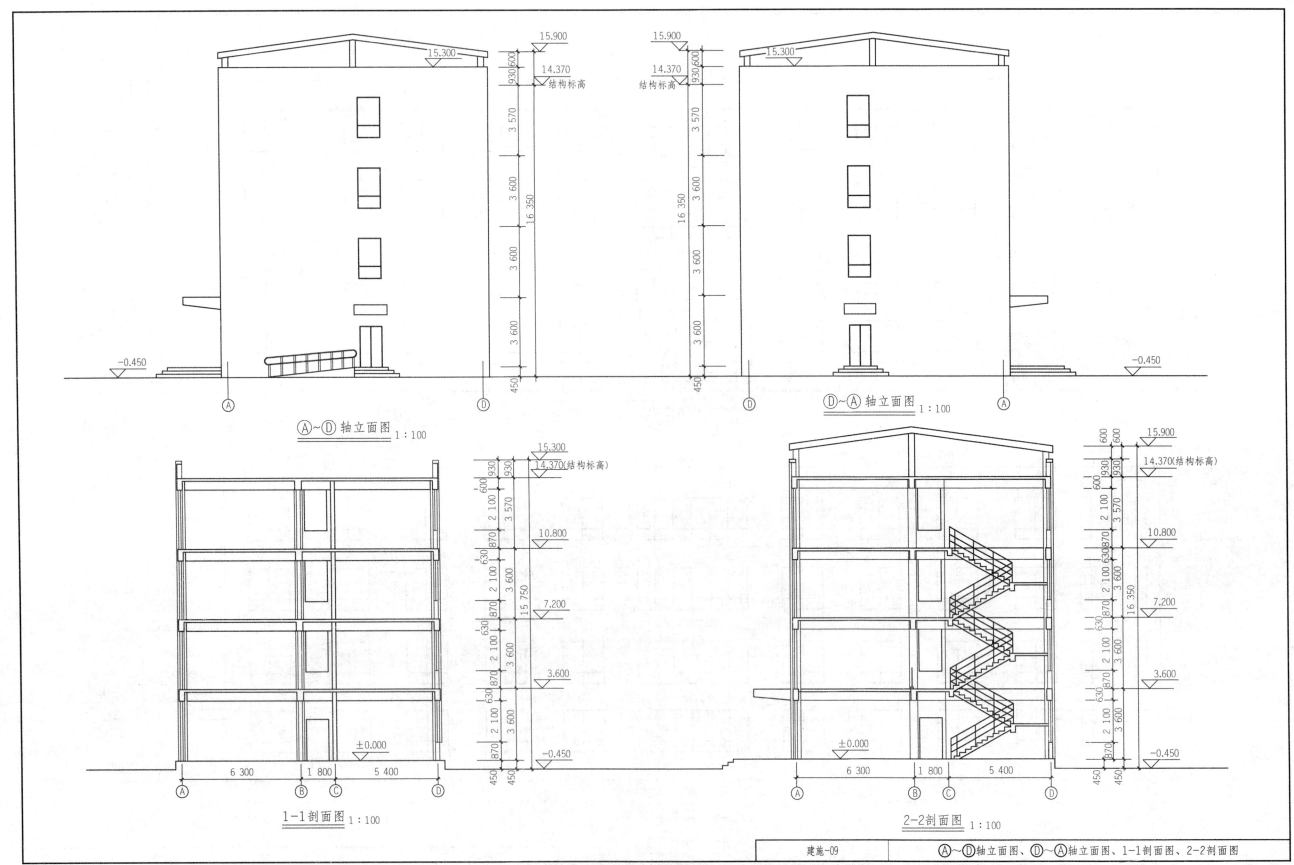

附图9 Ⓐ～Ⓓ轴立面图、Ⓓ～Ⓐ轴立面图、1-1剖面图、2-2剖面图

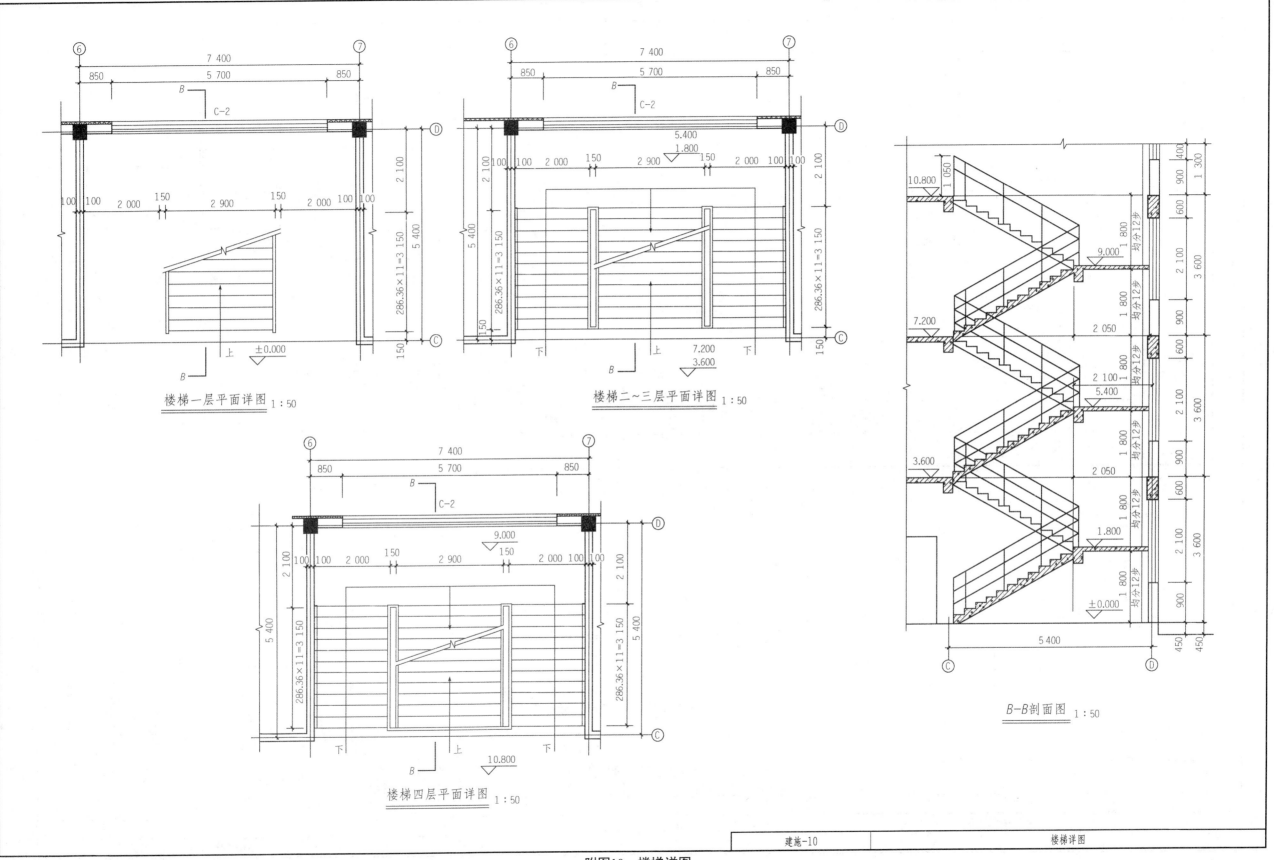

附图10 楼梯详图

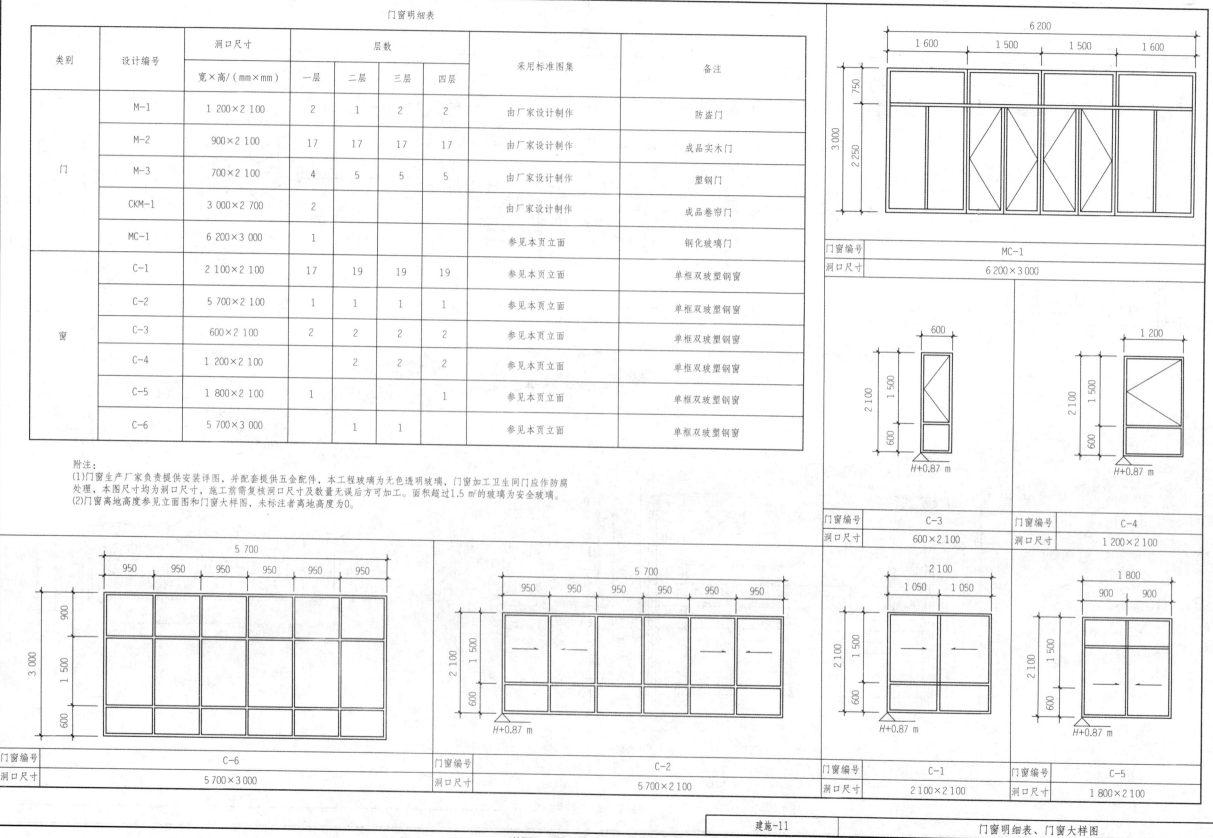

附图11 门窗明细表、门窗大样图

结构施工图图纸目录

建设单位				工程号	
项目		工程实例1号楼		图号	
序号	图别	图号	图纸名称		备注
1	结施	01	结构设计总说明（一）		
2	结施	02	结构设计总说明（二）		
3	结施	03	结构设计总说明（三）		
4	结施	04	结构设计总说明（四）		
5	结施	05	基础平面布置图		
6	结施	06	基础剖面配筋图		
7	结施	07	地梁及平面布置图		
8	结施	08	基础顶~7.17 m柱平法施工图		
9	结施	09	7.17~15.9 m柱平法施工图（一）		
10	结施	10	7.17~15.9 m柱平法施工图（二）		
11	结施	11	3.57~10.77 m梁平法施工图		
12	结施	12	14.37 m梁平法施工图		
13	结施	13	3.57 m板平法施工图（传统标注图）		
14	结施	14	3.57 m板平法施工图（平法标注图）		
15	结施	15	7.17~10.77 m板平法施工图		
16	结施	16	14.37 m板平法施工图		
17	结施	17	15.9 m板平法施工图、15.9 m梁平法施工图		
18	结施	18	楼梯配筋图		

结构设计总说明

一、工程概况

本工程位于沈阳市区，基础形式为柱下独立基础，持力层为粉状黏土，四层框架结构。

二、建筑结构安全等级及设计使用年限

建筑结构安全等级：二级
设计使用年限：50年
建筑抗震等级：Ⅲ级
地基基础设计等级：丙级

三、自然条件

1. 基本风压：$W_0 = 0.55 \ \text{kN/m}^2$
   地基粗糙度：C类
2. 基本雪压：$S_0 = 0.5 \ \text{kN/m}^2$
3. 场地地震基本烈度：7度
   抗震设防烈度：7度
   设计基本地震加速：0.10g
   设计地震分组：第一组
   建筑物场地土类别：Ⅲ类
4. 场地的工程地质及地下水条件：
（1）依据的岩土工程勘查报告为某岩土工程勘查设计研究院提供的《岩土工程勘察书》，证书等级：乙级。
（2）地形地貌：本工程场地地貌单元属于平原地貌。
（3）地层岩性：地层岩性见表3。

表3 地层岩性

层号	岩性	厚/m	E_{o200}/MPa	f_{1a}/kPa	q_{sik}/kPa	q_{pk}/kPa
1	杂填土	0.4~1.8		170		
2	粉质黏土	1.6~3.8		100		
2-1	粉质黏土	0.5~2.1		240		
3	中砂	1.2~4.9				

（4）地下水：场区地下水为空隙浅水类型，稳定水位埋深为3.50~5.50 m，水位随季节变化幅度为1.0~2.0 m。
本区地下水对混凝土无腐蚀性。

四、本工程相对标高+0.000相当于绝对标高31.200 m。

五、本工程设计遵循的标准、规范、规程

1. 《建筑结构可靠性设计统一标准》（GB 50068—2018）
2. 《建筑结构荷载规范》（GB 50009—2012）
3. 《混凝土结构设计规范（2015年版）》（GB 50010—2010）
4. 《建筑抗震设计规范（2016年版）》（GB 50011—2010）
5. 《建筑地基基础设计规范》（GB 50007—2011）
6. 《建筑地基处理技术规范》（JGJ 79—2012）
7. 《建筑地基基础技术规范》（DB 21/907—2005）

六、本工程设计计算所采用的计算程序

结构整体分析：采用中国建筑科学研究所PKPM软件进行计算。

七、设计采用的均布活荷载标准值

表4 均布活荷载标准值

部位	活荷载/(kN·m^{-2})	组合值系数	频遇值系数	准永久值系数
不上人屋顶	0.5	0.7	0.5	0.4
办公室	2.0	0.7	0.5	0.4
卫生间	2.0	0.7	0.5	0.4
楼梯间	3.5	0.7	0.5	0.3

注：大型设备按实际情况考虑。

八、主要结构材料

1. 钢筋：Φ为HPB300级钢筋
   Φ为HRB335级钢筋
   Φ为HRB400级钢筋

注：普通钢筋的抗拉强度实测值与屈服强度实测值的比例不应小于1.25，而且钢筋的屈服强度实测值与强度标准值的比例不应大于1.3。

2. 混凝土：

表5 各部位采用的混凝土强度等级

构件部位	混凝土强度等级	备注
基础	C30	

结施-01	结构设计总说明（一）

附图12 结构设计总说明（一）

续表

构件部位	混凝土强度等级	备注
柱	C30	
梁	C30	
板	C30	
构造柱、圈梁、现浇过梁等构件	C25	
基础垫层	C15	

注：基础及室外构件混凝土最大碱含量应小于3 kg/m³，最大氯离子含量应小于0.2%，最小水泥用量为275 kg/m³；室内构件混凝土最大氯离子含量应小于1.0%，最小水泥用量为225 kg/m³。

3. 砌体：
非承重墙体材料见建筑施工图，其密度不应大于800 kg/m³。

九、钢筋混凝土结构构造

本工程采用国家标准图集《混凝土结构施工图平面整体表示方法制图规则和构造详图（现浇混凝土框架、剪力墙、梁、板）》（16G101-1）的表示方法。施工图中未注明的构造要求应按标准图集的有关要求执行。

1. 钢筋混凝土结构构件保护层厚度：
基础：40 mm   柱、梁：20 mm   板、墙：15 mm
构造柱、圈梁、过梁等其他二次结构构件保护层厚度均为20 mm。

2. 钢筋接头形式及要求
（1）框架梁、框架柱、剪力墙暗柱主筋采用直螺纹机械连接接头。其余构件当受力钢筋直径＞16 mm时，可采用直螺纹机械连接接头；当受力钢筋直径≤16 mm时，可采用绑扎搭接。
（2）接头位置宜设置在受力较小处，在同一根钢筋上宜少设接头。
（3）受力钢筋接头的位置应相互错开，当采用机械接头时，在任—35d且不小于500 mm区段内，和当采用绑扎搭接头时，在任—1.3倍搭接长度的区段内，有接头的受力钢筋截面面积占受力钢筋总截面面积的百分率应符合表6的要求。

表6 有接头的受力钢筋截面面积占受力钢筋总截面面积的百分率（%）

接头形式	受拉区接头数量	受压区接头数量
机械连接	50	不限
绑扎连接	25	50

3. 纵向钢筋的锚固长度、搭接长度（见16G101）
（1）纵向钢筋的锚固长度（表7）。

表7 纵向钢筋的锚固长度

钢筋种类	非抗震锚固长度 抗震锚固长度	混凝土强度等级		
		C20	C25	C30
HPB300	l_a、l_{aE} 四级抗震等级	31d	27d	24d
	l_{aE} 三级抗震等级	33d	29d	26d
HRB335	l_a、l_{aE} 四级抗震等级	40d	33d	30d
	l_{aE} 三级抗震等级	42d	35d	32d
HRB400	l_a、l_{aE} 四级抗震等级	47d	40d	36d
	l_{aE} 三级抗震等级	50d	42d	38d

（2）纵向钢筋的搭接长度（表8）。

表8 纵向钢筋的搭接长度

纵向钢筋的搭接接头百分率/%	25	50	100
纵向受拉钢筋的搭接长度	$1.2 l_a$（l_{aE}）	$1.4 l_a$（l_{aE}）	$1.6 l_a$（l_{aE}）
纵向受压钢筋的搭接长度	$0.85 l_a$（l_{aE}）	$1.0 l_a$（l_{aE}）	$1.13 l_a$（l_{aE}）

受拉钢筋搭接长度不应小于300 mm，受压钢筋搭接长度不应小于200 mm。

4. 现浇钢筋混凝土板
除具体施工图中有特别规定者外，现浇钢筋混凝土板的施工应符合下列要求：
（1）板的底部钢筋伸入支座长度应≥5d，且伸入到支座中心线。
（2）板的边支座和中间支座板顶标高不同时，负筋在梁或墙内的锚固应满足受拉钢筋最小锚固长度l_a。
（3）双向板的底部钢筋，短跨钢筋在下排，长跨钢筋置于上排。
（4）当板底与梁底平时，板的下部钢筋伸入梁内需弯折后置于梁的下部纵向钢筋之上。
（5）板上孔洞应预留，一般结构施工图中只表示出洞口尺寸＞300 mm的孔洞，施工时各工种必须根据各专业图纸配合土建预留全部孔洞，不得后凿。当孔洞尺寸≤300 mm时，洞边不再另加钢筋，板内钢筋由洞边绕过，不得截断，如图2所示。当洞口尺寸＞300 mm时，应设洞边加筋，按平面图给出的要求施工；当平面图未交代时，一般按图3的要求。加筋的长度为单向板受力方向或双向板的两个方向沿跨度通长，并锚入支座≥5d，且应伸入到支座中心线。单向板非受力方向的洞口加筋长度为洞口宽加两侧各40d，且应放置在受力钢筋之上，加筋信息为每侧两根HRB335级Φ14钢筋。

附图13 结构设计总说明（二）

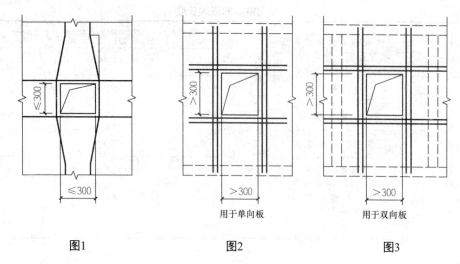

图1　　　　　　图2　　　　　　图3

（6）板内分布钢筋，除注明者外，其余均按表9的要求采用。

表9　板内分布钢筋

楼板厚度/mm	100~140	150~170	180~200	200~220	230~250
分布钢筋	⌀8@200	⌀8@150	⌀10@250	⌀10@200	⌀12@200

（7）对于外露的现浇钢筋混凝土女儿墙、挂板、栏板、檐口等构件，当其中水平直线长度超过12 m时，应按图4所示设置伸缩缝，伸缩缝间距≤12 m。

（8）楼板上后砌隔墙的位置应严格遵守建筑施工图，不可随意砌筑。

5.钢筋混凝土梁

（1）梁内箍筋除单肢箍筋外，其余采用封闭形式，并做成135°弯钩；当纵向钢筋为多排时，应增加直线段弯钩在两排或三排钢筋以下弯折。

（2）梁内第一根箍筋距柱边或梁边50 mm起开始设置。

（3）主梁内在次梁作用处，箍筋应贯通布置。凡未在次梁两侧注明箍筋者，均在次梁两侧各设3组箍筋，箍筋肢数、直径同梁箍筋，间距为50 mm。次梁吊筋在梁配筋图中表示。

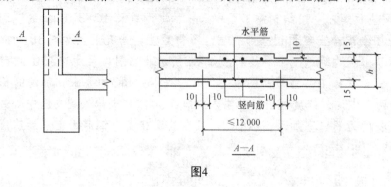

图4

（4）主次梁高度相同时，次梁的下部纵向钢筋应置于主梁下部纵向钢筋之上。

（5）梁的纵向钢筋需要设置接头时，底部钢筋应在距支座1/3跨度范围内接头，上部钢筋应在跨中1/3跨度范围内接头。同一接头范围内的接头数量不应超过钢筋总数量的50%。

（6）梁跨度大于或等于4 m时，模板按跨度的0.2%起拱；悬臂梁按悬臂长度的0.4%起拱。起拱高度不小于20 mm。悬臂梁钢筋详见图5。

6.钢筋混凝土柱

（1）柱箍筋一般为复合箍筋，除拉结钢筋外均采用封闭形式，并做成135°弯钩，弯钩直段长度取10d、75 mm的较大值。

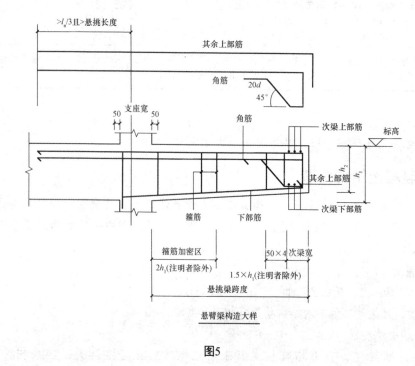

悬臂梁构造大样

图5

（2）柱应按建筑施工图中填充墙的位置预留拉结筋。

7.混凝土梁

当柱混凝土强度高于梁混凝土强度一个等级时，梁柱节点处混凝土可随梁混凝土强度等级浇筑；当柱混凝土强度高于梁混凝土强度两个等级时，梁柱节点处混凝土应按柱混凝土强度等级浇筑，此时，应先浇筑柱的高等级混凝土，然后再浇筑梁的低等级混凝土，也可以同时浇筑，但应特别注意的是，不应使低强度等级混凝土扩散到高强度等级混凝土的结构部位中去，以确保高强度混凝土结构的质量。柱高等级混凝土的浇筑范围如图6所示。

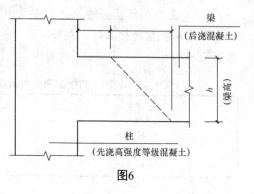

图6

8.填充墙

（1）填充墙的材料、平面位置见建筑施工图，不得随意更改。

（2）当首层填充墙下无基础梁或结构梁板时，墙下应做基础。

附图14　结构设计总说明（三）

（3）砌体填充墙应沿墙体高度每隔500 mm设2Φ6拉筋，伸出长度为700 mm，且不小于墙长的1/5，如图7所示。

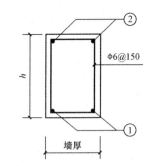

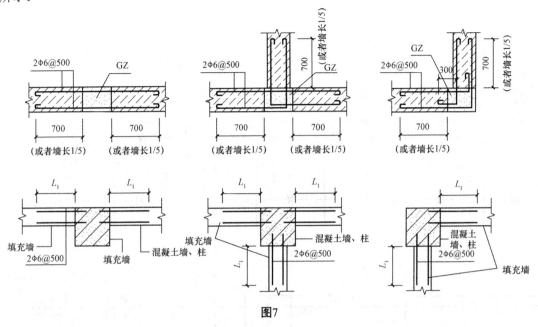

图7

（4）填充墙的构造柱应按照先砌墙后浇筑构造柱的施工顺序，填充墙应在洞口大于900 mm位置、拐角、十字接头、一字墙两端及墙长大于5 m时设置构造柱。构造柱尺寸：墙厚×200；配筋：4Φ12，Φ6@100/200（箍筋加密范围为距上下楼层500 mm以及1/6高度范围内）。

（5）填充墙应在主体结构施工完毕后，由上而下逐层砌筑，或将填充墙砌筑至梁、板底附近，最后再由上而下按要求完成。

（6）填充墙洞口过梁可根据建筑施工图纸的洞口尺寸按表10选用，荷载按一级取用。当洞口紧贴柱或钢筋混凝土墙时，过梁改为现浇，施工主体结构时，应按相应的梁配筋在柱内预留插筋。现浇过梁截面、配筋可按表10的形式给出（本工程按现浇过梁考虑，过梁伸入墙长度为250 mm）。

（7）当砌体填充墙高度大于4 m时应设钢筋混凝土圈梁。

做法为：内墙门洞上设一道，兼作过梁；外墙窗及窗顶处各设一道。内墙圈梁宽度同墙厚，高度为120 mm；外墙圈梁宽度见建施墙身剖面图，高度为180 mm。圈梁宽度$b \leq 240$ mm时，配筋上下各2Φ12，箍筋Φ6@200；$b > 240$ mm时，配筋上下各2Φ14，箍筋Φ6@200。

9.预埋件

所有钢筋混凝土构件均需按各工种的要求，如建筑吊顶、门窗、栏杆、管道吊架、网架等设置预埋件，各工种应配合土建施工，将需要的埋件留全。

十、其他

1.本工程图示尺寸以毫米（mm）为单位，标高以米（m）为单位。

2.防雷接地做法详见电施图。

十一、本图须通过施工图设计审查后方可正式施工

十二、未经过设计部门许可不得任意改变使用用途

表10 现浇过梁截面、配筋

门窗洞口宽度/mm	≤1 200		>1 200且≤2 400		>2 400且≤3 600	
断面$b \times h$/（mm×mm）	$b \times 150$		$b \times 180$		$b \times 300$	
墙厚　　　配筋	①	②	①	②	①	②
$b = 100$	2Φ10	2Φ12	2Φ12	2Φ14	2Φ12	2Φ16
$100 < b \leq 200$	2Φ10	3Φ12	2Φ12	2Φ14	2Φ12	2Φ16
$b > 200$	2Φ10	2Φ12	2Φ12	2Φ14	2Φ12	2Φ16

附图15 结构设计总说明（四）

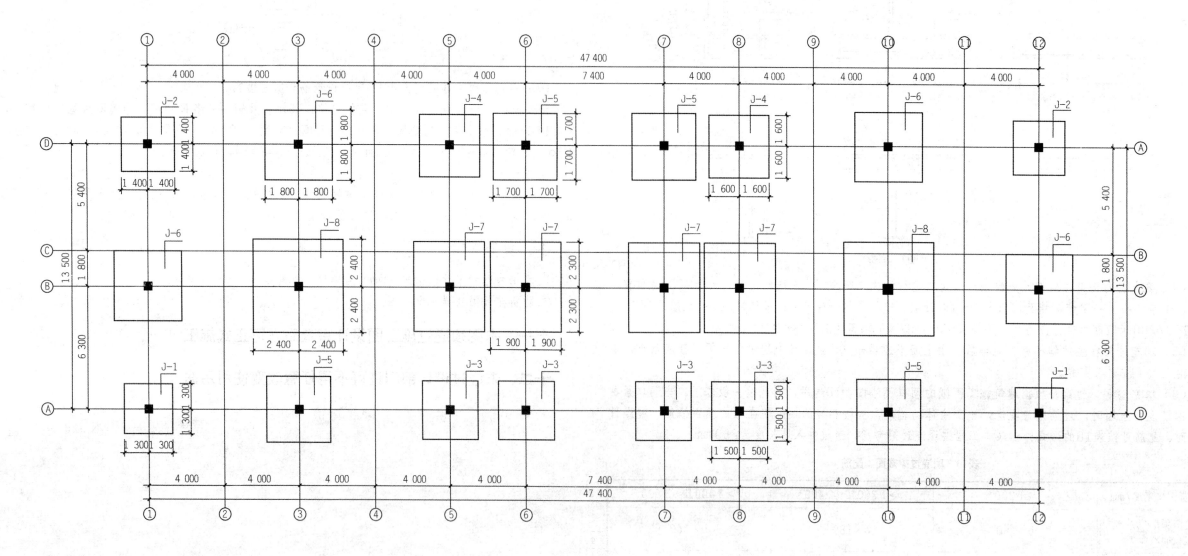

附图16 基础平面布置图

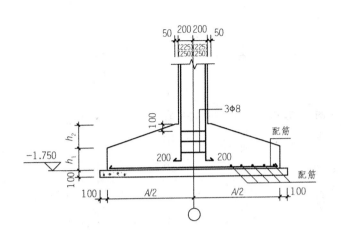
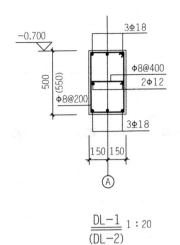
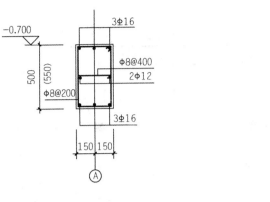
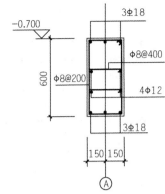

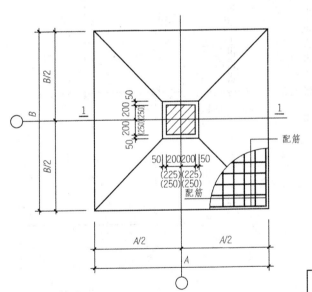
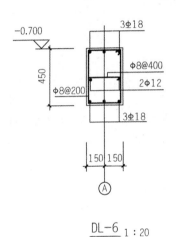
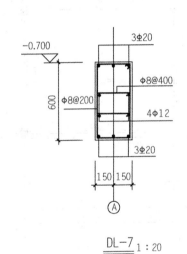
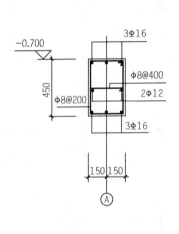

基础配筋表

基础号	基础尺寸						配筋	柱断面
	A/2	A	B/2	B	h_1	h_2		
J-1	1 300	2 600	1 300	2 600	300	200	⌀12@140	400×400
J-2	1 400	2 800	1 400	2 800	300	300	⌀14@160	400×400
J-3	1 500	3 000	1 500	3 000	300	300	⌀14@160	400×400
J-4	1 600	3 200	1 600	3 200	400	300	⌀14@130	400×400
J-5	1 700	3 400	1 700	3 400	400	400	⌀14@130	400×400
J-6	1 800	3 600	1 800	3 600	400	400	⌀16@150	400×400
J-7	1 900	3 800	2 300	4 600	400	400	⌀16@150	400×400(450×450)
J-8	2 400	4 800	2 400	4 800	500	400	⌀16@150	500×500

设计说明：
1. 本工程的地下土层分别为杂填土①层，粉质黏土②层，中砂层③层，采用粉质黏土作为基础的持力层，地基土承载力特征值f_{ak}=170 kPa，压缩模量E_s=5.87 MPa。
2. 钢筋混凝土独立柱基础采用C30混凝土，钢筋HPB300、HRB335。
3. 首层墙以下的墙体采用标准灰砂砖、M7.5水泥砂浆砌筑。
4. 当柱下钢筋混凝土独立基础的边长或宽度大于或等于2.5 m时，底板受力钢筋的长度可取边长或宽度的0.9倍，并交错布置。
5. 地梁采用C30混凝土，钢筋HPB300（Φ）级、HRB335（Φ）级。地梁顶标高为-0.700 m。
6. 防潮层设在-0.06 m处。
7. 设备预留孔洞详见设备图纸。
8. 基础开槽后须经我院设计人员验槽后，方可施工。

| 结施-06 | 基础剖面配筋图 |

附图17 基础剖面配筋图

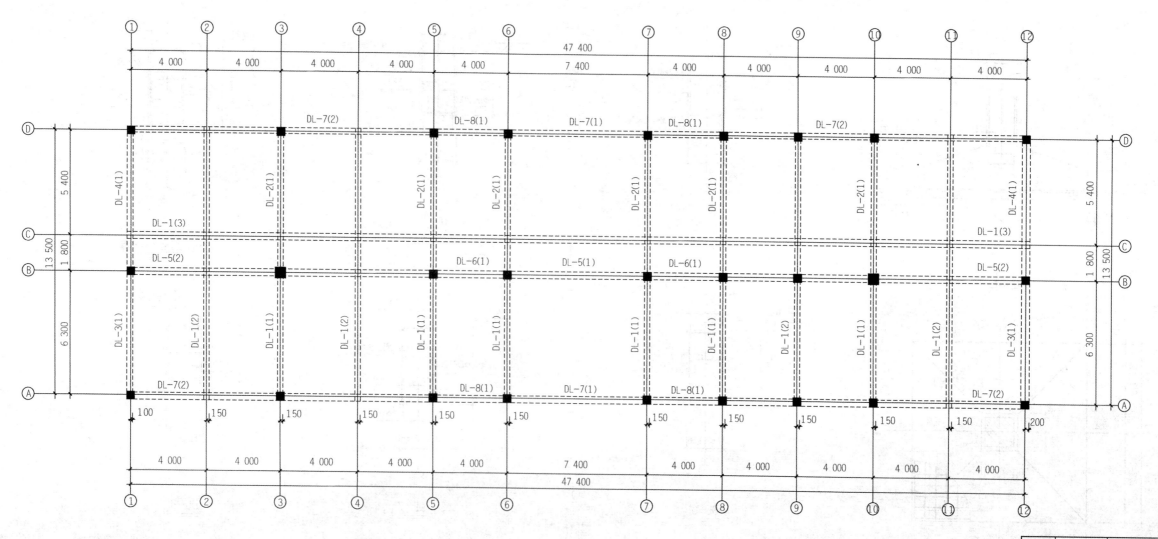

附图18 地梁平面布置图

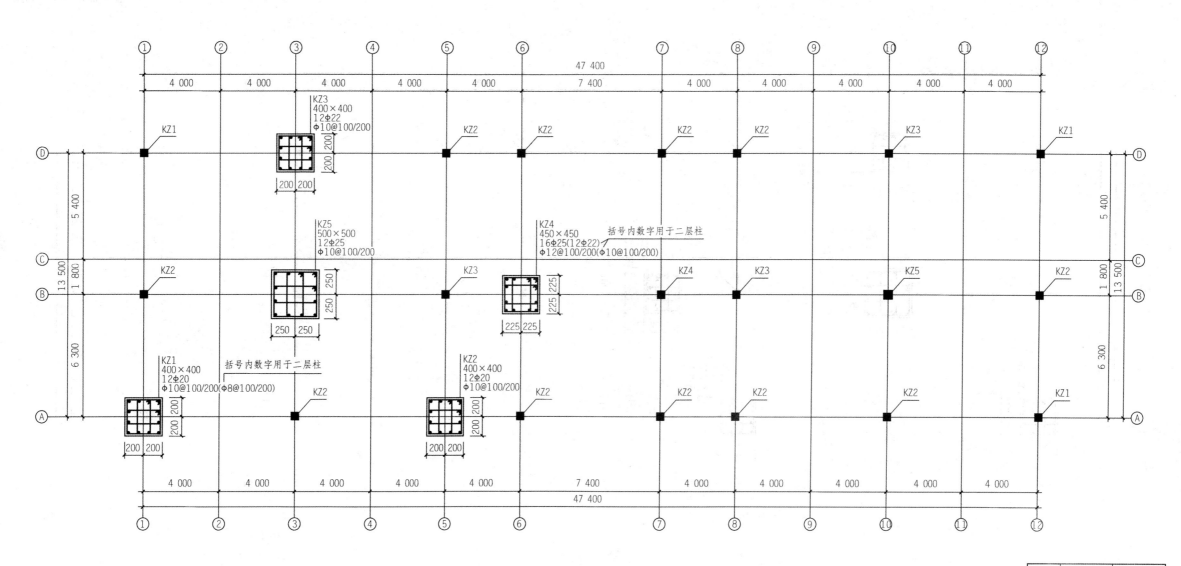

附图19 基础顶～7.17 m柱平法施工图

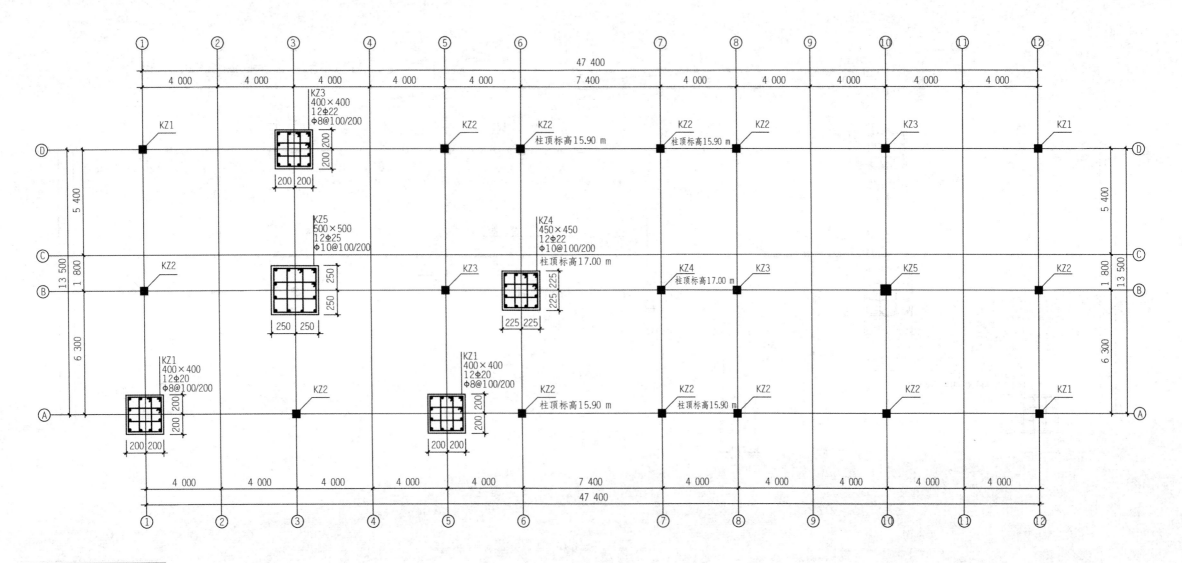

附图20 7.17～15.9 m柱平法施工图（一）

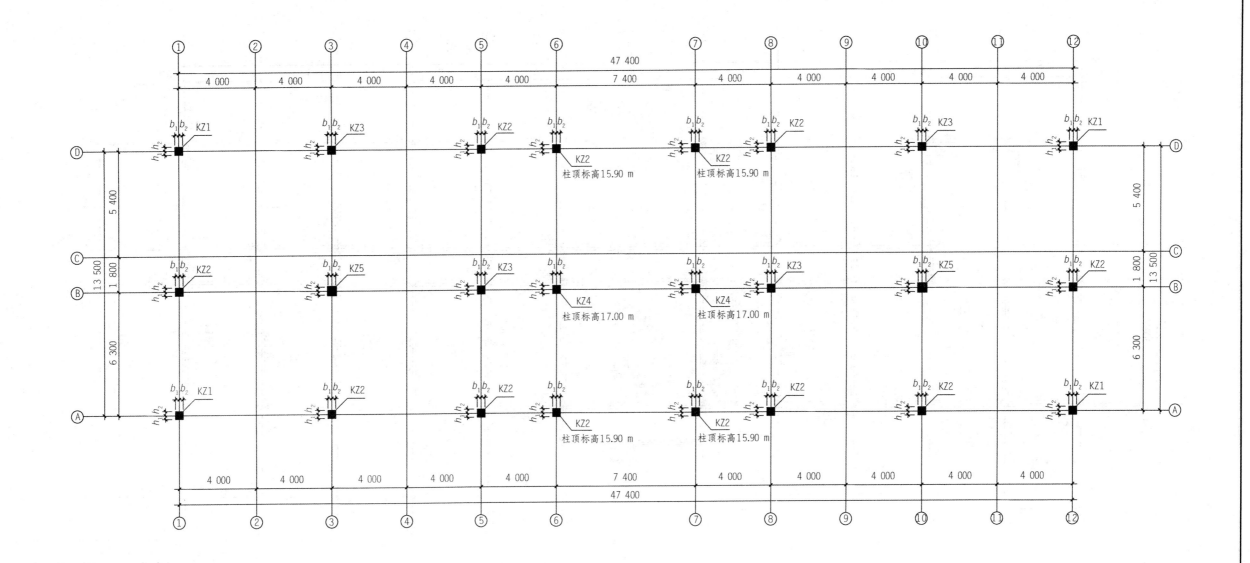

附图21　7.17～15.9 m柱平法施工图（二）

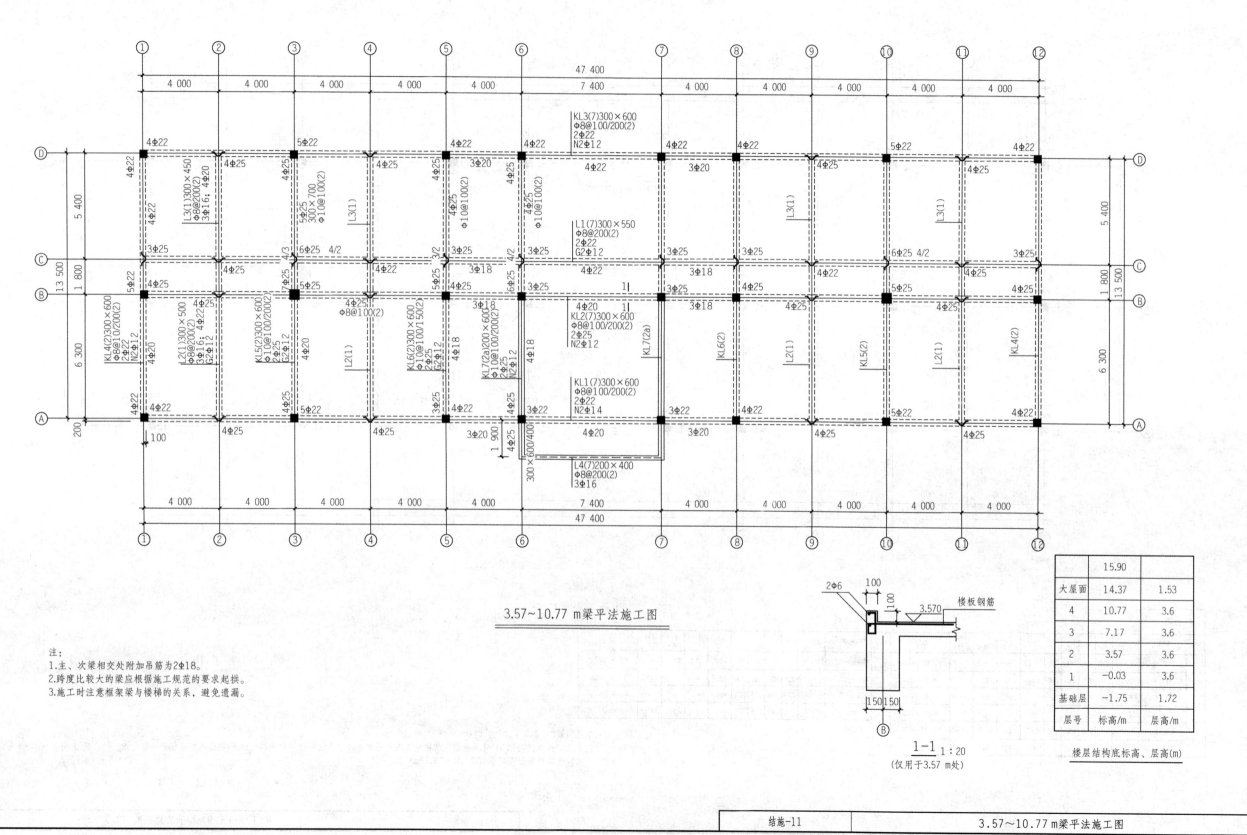

附图22 3.57～10.77 m梁平法施工图

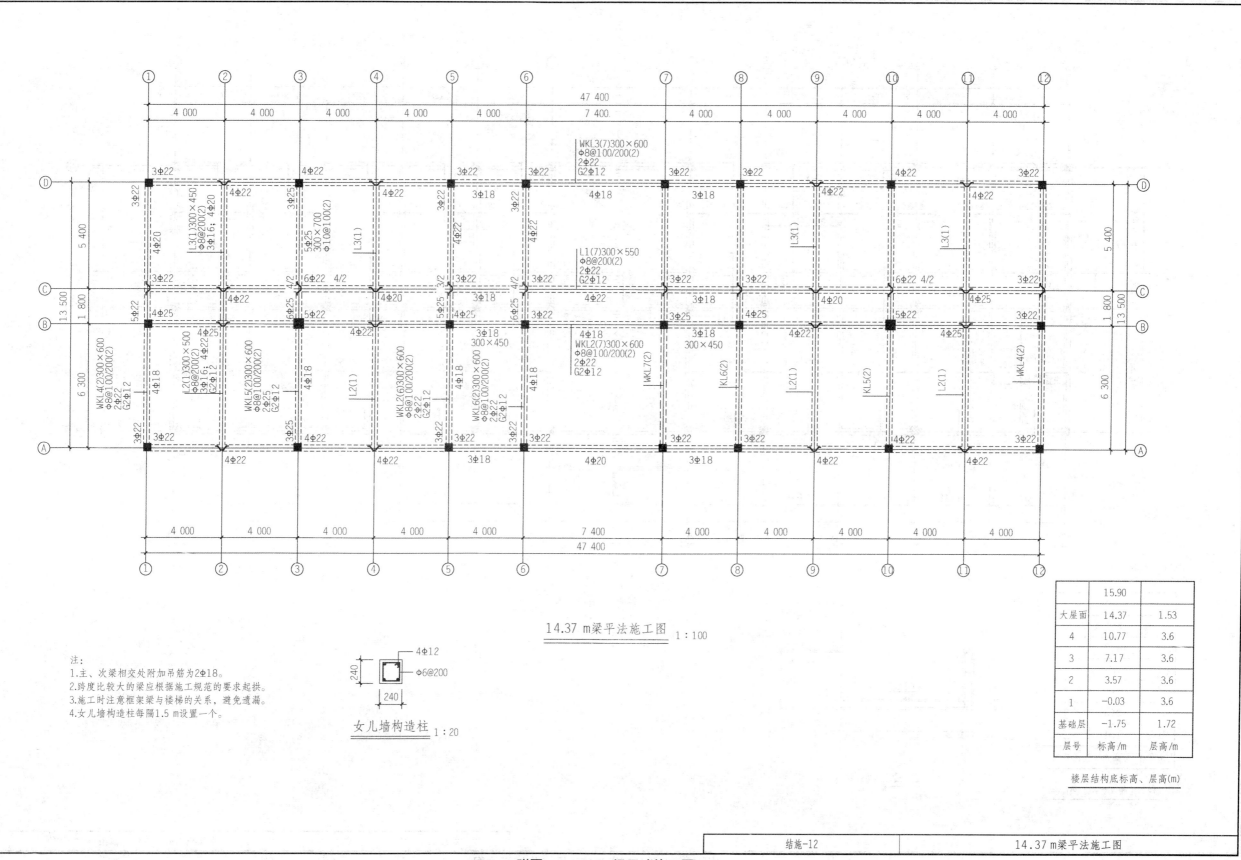

附图23 14.37 m梁平法施工图

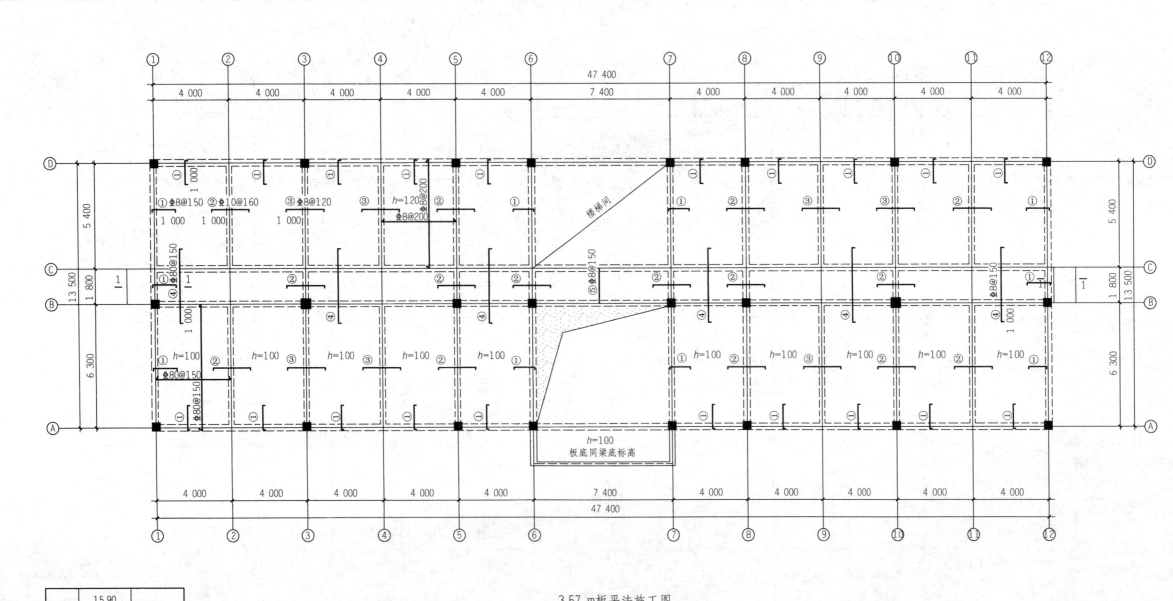

附图24　3.57 m板平法施工图（传统标注图）

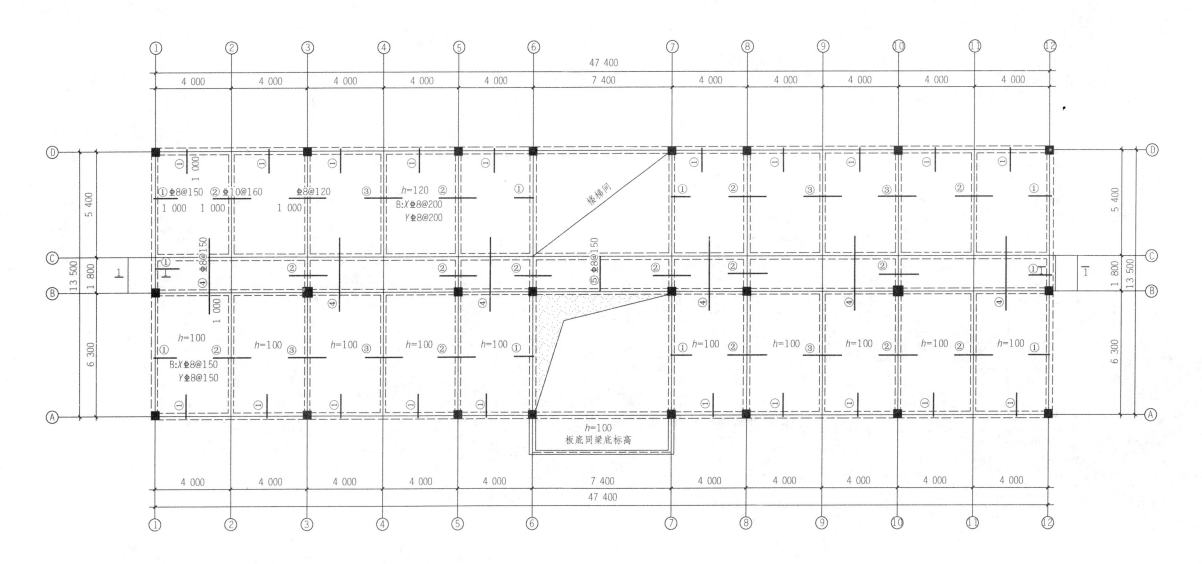

附图25　3.57 m板平法施工图（平法标注图）

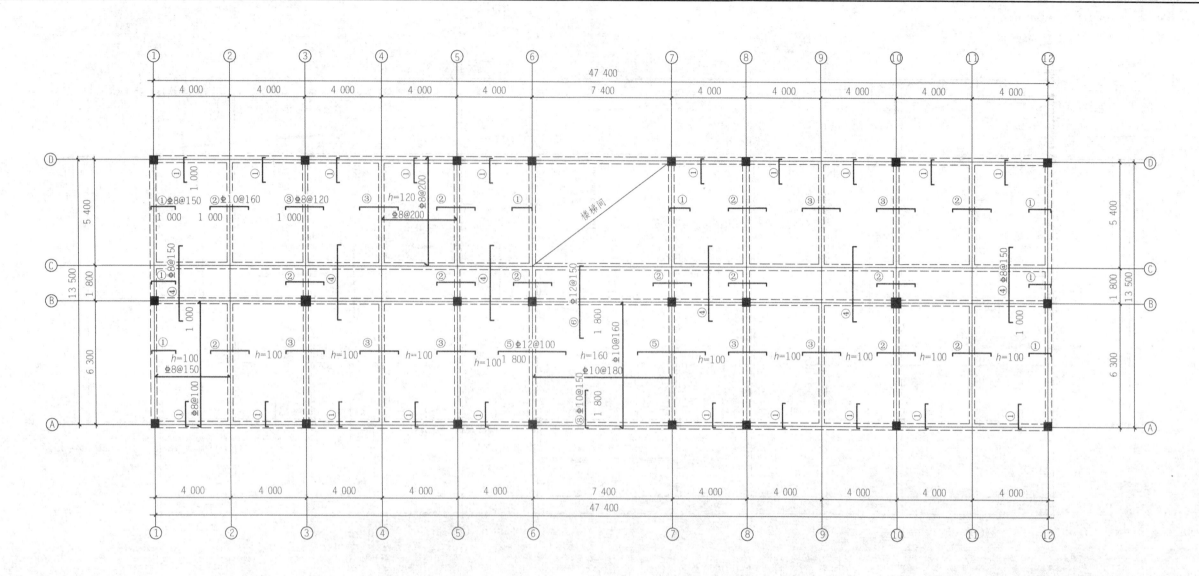

附图26 7.17～10.77 m板平法施工图

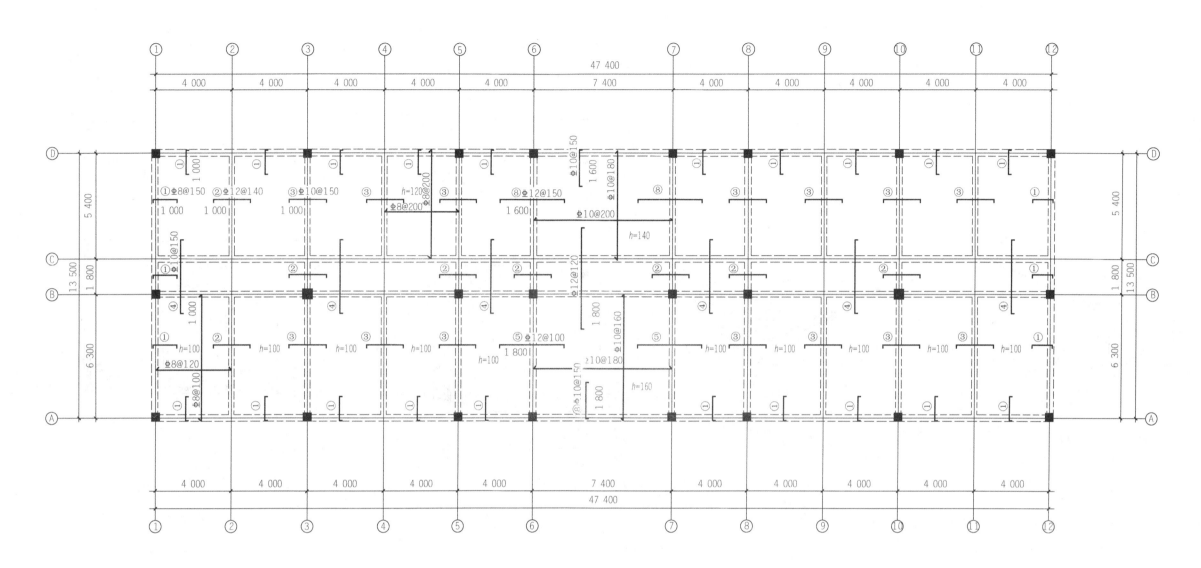

附图27　14.37 m板平法施工图

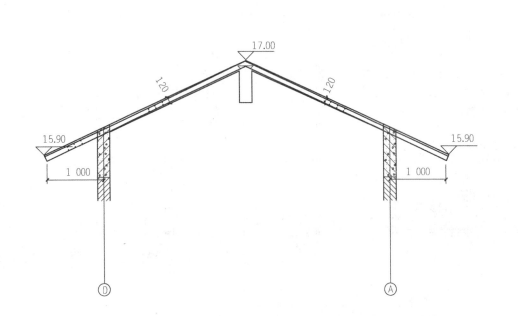
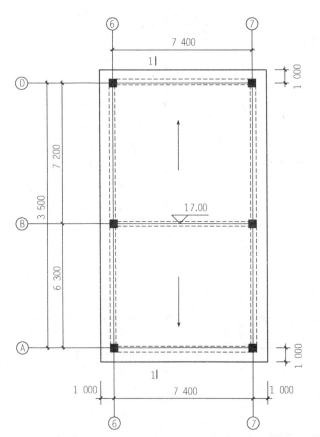
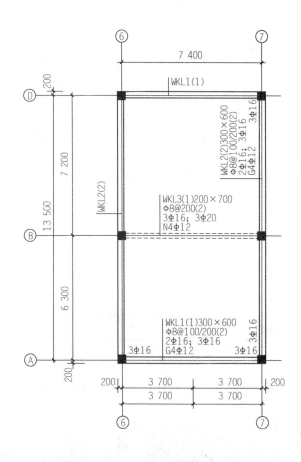

15.9 m板平法施工图 1:100

15.9 m梁平法施工图 1:100

附注：
1. 板混凝土强度C30，钢筋HPB300级（Φ）、HRB335级（Φ）、HRB400级（Φ）。
2. 未注明现浇板分布筋为Φ6@200。
3. 图中板厚均为h=120，未注明板配筋为双层双向钢筋Φ8@150。
4. 所有支座负筋长度均不含支座宽度。

	15.90	
大屋面	14.37	1.53
4	10.77	3.6
3	7.17	3.6
2	3.57	3.6
1	-0.03	3.6
基础层	-1.75	1.72
层号	标高/m	层高/m

楼层结构底标高、层高(m)

| 结施-17 | 15.9 m板平法施工图、15.9 m梁平法施工图 |

附图28　15.9 m板平法施工图、15.9 m梁平法施工图

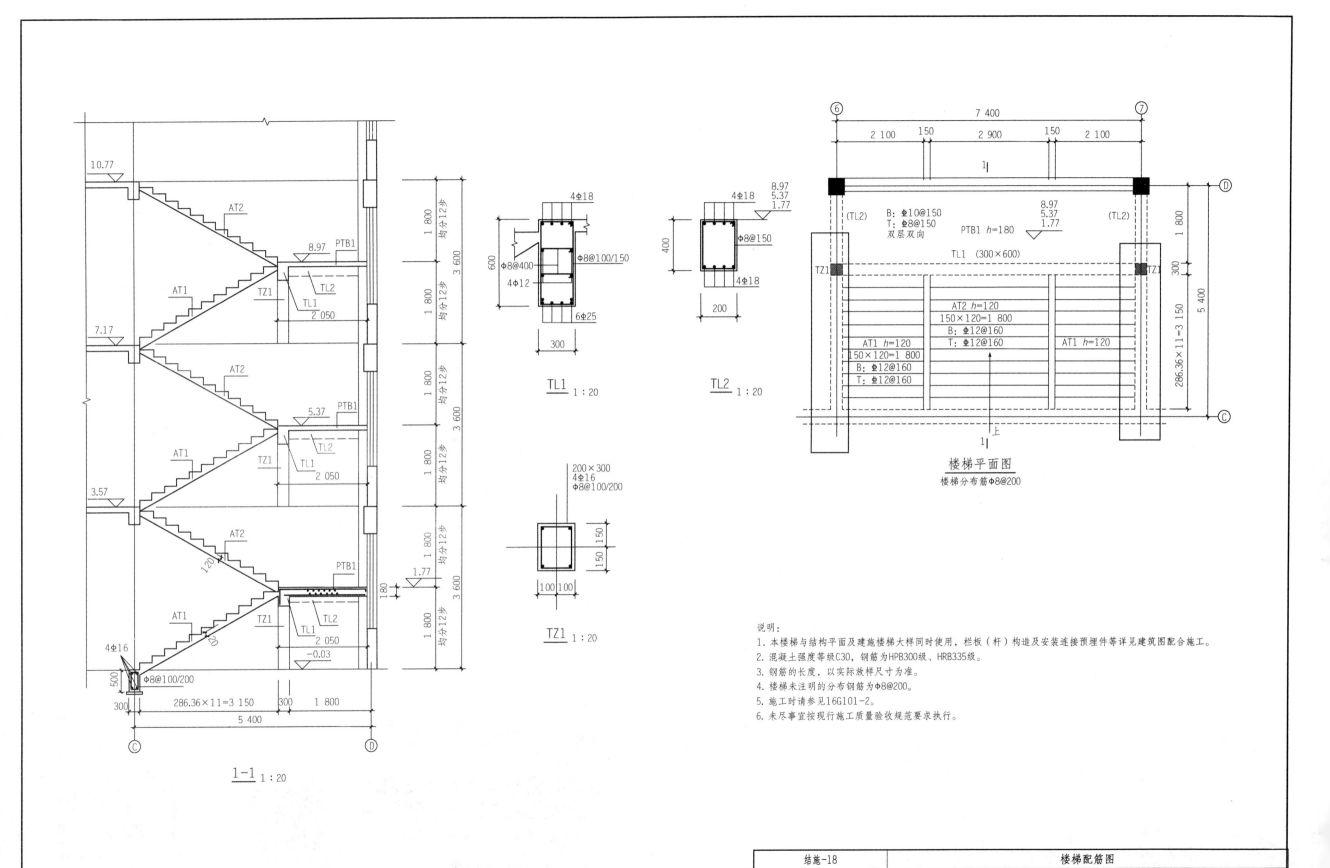

附图29 楼梯配筋图

项目编辑　李　鹏
策划编辑　阎少华
封面设计　广通文化

免费电子教案下载地址
www.bitpress.com.cn

北京理工大学出版社
BEIJING INSTITUTE OF TECHNOLOGY PRESS

通信地址：北京市海淀区中关村南大街5号
邮政编码：100081
电话：010-68948351　82562903
网址：www.bitpress.com.cn

关注理工职教
获取优质学习资源

ISBN 978-7-5682-7324-4

定价：39.00元